PORSCHE

PORSCHE
PRIDE&PROGRESS

偏愛グラフィティ

はじめに

　PORSCHE であるという誇り高い理念と、PORSCHE はいつも進化しなければならないという自負。その「PRIDE&PROGRESS」を PORSCHE は、たとえば「911 のアイデンティティ」として、こう宣言した。

　「モータースポーツにおいて（ポルシェが）成し遂げた勝利は 30,000 回以上を誇ります。そして私達はこのような輝かしい実績だけではなく、スポーツカーの未来と環境に対する責任をも果たしてきました。911 がスポーツカーの象徴として評価されているのは、こうした理由によるものです。しかし受け継がれてきたアイデアに新たな息吹を注ぎ続けてこそ、それらは価値あるものとして存在するのです。私達にとって、伝統と未来は切り離せないものです。私達は単に高性能なスポーツカーを造ることもできます。しかし、そのようなクルマをポルシェと呼ぶことはありません。もちろん、911 として存在することも。

　911。それは私達のアイデンティティそのものであり、21 世紀の今でも変わることはありません。一目で識別でき、卓越したパフォーマンスを発揮する 911 は、1963 年の初代モデルの誕生以来、人々のエモーションをかき立て続けています。時代の一歩先に進むにはこれだけで十分でしょうか。伝統にとらわれるのではなく、伝統を受け継ぎつつ革新を生み出す必要はないでしょうか」

　いささか傲慢のきらいがあるにしても、今の時代にこれほどの信念と情熱を、吐露できる「モノ造り」集団がほかにあるだろうか。

　記憶に新しい 83rd ルマン 24 時間耐久レースの圧勝。それはデビュー 2 年目で 919 の心臓部として 1,2 フィニッシュに導いたストロングハイブリッド抜きには語れない。改めてポルシェの「永遠のミッション＝進化」を、世界にアピールする結果となり、すかさずポルシェは「LMP1」（ルマンプロトタイプ 1 の略称）プログラムを 2018 年まで延長することを決定する。

ダウンサイジング・ターボエンジン、強力なエネルギー回生システム、そして極めて軽量なデザイン、これらを融合させたコンセプトにより、919ハイブリッドをさらに進化させるとともに、未来の自動車テクノロジーの研究開発を推進するという。そしてフランクフルトショーで「Mission-E」を発表する……。それはこれまで「LMP1」（ルマンプロトタイプ1の略称）プログラムに投入されたヴァイザッハ研究開発スタッフ230名への感謝と労（ねぎら）いのメッセージでもあった。

なぜ今、あらためて私たちがポルシェに注目するのか。それは2015年がポルシェ、ポルシェウォッチャー、そしてポルシェオーナーにとって大きな意味を持つ。その筆頭はラインナップの充実だ。マカンを投入したことで増産化が加速し、世界販売台数はポルシェ初の22万台。スポーツカー専業メーカーでは圧倒的な生産台数を誇ることとなった。着実にポルシェオーナーが世界中で増えている現実だ。さらにル・マン参戦2年目にしての優勝。HV、エンジン、シャシーを含めた圧倒的技術の融合の強さを世界に知らしめた。そして「環境制約と走りの融合」を市販車において、ポルシェオーナーをうならせるほど磨き上げたことで、各車種のできあがりの良さが大きく評価されたのも2015年モデルだった。

その輝かしい評価の反面、ＶＷ不正問題が露呈したのも同じ2015年。ポルシェはＶＷグループの一員だ。グループ全体の危機を、筆頭となって存続のアピールをしていかなくてはならないのもポルシェの役目だろう。この意味でもポルシェは変革の年となった。

ポルシェに課せられたミッションは、「一番から圧倒的な一番へ」。その大きな変革をあらゆるカタチで示したターニングポイントの年なのである。

環境問題と技術革新でしのぎを削る自動車産業にあって、ポルシェは独自の道を確立してつねに進化している。モデルレンジは増えているが、その製品はスポーツカーのみであり、それを支えているものは高性能と、たぐいまれな高品質である。今回、ポルシェを「偏愛グラフィティ」として取り組んだ理由も、じつはそこにある。いまのPORSCHEたちにどっぷり浸かる時間への、これは招待状なのだ。

index

『富士』で確かめた 911 GT3 RS の真の素性 ……… P 9
911 GT3 ……… P16
PORSCHE TALK ……… P18
日常からの離脱に必要な1秒間ー 911 GT3 ……… P22
"一粒の麦もし死なずば" からの始まり ……… P25
PORSCHE こそ、わが永遠の物差し ……… P26
何がポルシェを偏愛させるのか ……… P30
徳大寺有恒、ポルシェを語る ……… P36
黄色く輝く天使　911 Carrera S ……… P40
Cayman GT4 ……… P42
Cayman GTS ……… P44
「GTS」マジックに酔うー Cayman GTS ……… P46
「走り快楽」白い天使ー Boxster ……… P48

911系「第4の顔」ー Panamera S E-Hybrid ……… P50
「ファースト PORSCHE」としてのマカンー Macan ……… P52
Macan Turbo ……… P54
Macan Turbo との出会い ……… P56
600 万円からの新車ポルシェ マカン MAP ……… P58
Cayenne ……… P62
Technology ……… P63
Mission-E ……… P66
80 歳のポルシェインプレッション ……… P68
『最後の1台は』Macan にするか！……… P76
総額1億7500万円の「走りの化身」たち ……… P80
and "偏愛グラフィティ" の主人公たち ……… P90

ベストモータリング同窓会とは？

正岡貞雄（「BestMOTORing」初代編集長）

　クルマ雑誌の盟主「ベストカー」の映像マガジン版をめざして1987年12月号からスタートした「BestMOTORing」が、2011年6月号で終刊となった。
　しかし「ベスモは生きている！」。
　実働25年間、あの時代、その時々に撒かれたものは、創り手の側にも、受け手の側にも、さまざまな形で芽を吹き、開花した。そのひとつの形として、ごく自然に「ベストモータリング同窓会」ができあがった。
　レジェンド黒澤元治を中心に、創刊からのレギュラーキャスターだった中谷明彦、それに元スタッフの大井貴之が合流、岡山・中山サーキットを中核ステージとしてすでに3回、東京でも1回と、交流イベントを重ね、クルマを語り、ドライビングを磨く心を育んできた。なかには「平成生まれのベスモ育ち」という若い芽も育ち、会員数201名(2015年12月現在)を擁する。
　こうして、あらためて「その時代」に享受したものを確かめ、そのベスモDNAをさらに高みへと押し上げることに取り組みはじめた「クルマに首ったけ」集団が自然発生した。まさに「一粒の麦、もし死なずば」である。
　その会の様子がどんなものだったかは、左に掲載した3枚の写真でお分かりいただけるだろう。
　スタートのきっかけはレジェンド黒澤が2013年度の「スーパーGT」にLEONチームを立ち上げて参戦することになり、第1戦が「岡山国際」であったため、その応援がてら、久しぶりに「中山サーキット」に集まって「ガンさんと語り合おう」と声をかけたところ、翌年からはクルマを持ち込んで走行会も、とステップアップ。で、この国トップ規模のクルマ関連SNSを舞台に「グループ活動」がはじまった。
　その動きに連動して中谷明彦著の『ポルシェ911 ドライビングバイブル』を電子書籍化し、ついにはそれをテキストとして実際に911を中山サーキットに持ち込んで、中谷君の911走りを同窓会のメンバーに披露するまでにひろがった。ポルシェジャパン広報部も、この試みに快く賛同していただき、レーシングイエローの911 カレラSを囲んでの記念撮影にまで発展。全員の弾けるような笑顔。そこから黒澤・中谷を中核とした「ポルシェに親しむ」研究がはじまった。自分たちで「撮り」、自分たちなりのレポートを「書く」。それがいま、なんとか本の体裁をとりつつある。「一粒の麦」がどんな芽を吹くのか。期待と不安が交錯している。

911Carrera S & Macan S &
Panamera S E-Hybrid

Macan Turbo & 911 GT3

ポルシェが RS の称号を与え「現在考えられる最高のモータースポーツテクノロジーを導入した」と謳った量産市販車である 911 を、中谷明彦が富士スピードウェイで吟味した。

『富士』で確かめた911 GT3 RSの真の素性

中谷明彦

　2015年9月のフランクフルト・モーターショーで初めて実車を目にしたときから、1日でも早く乗ってみたいと願っていた。

　それ以前に911 GT3（type991）のエンジンが9000回転まで回るということが賑々しく話題になったものの、エンジントラブルが多発し、エンジン載せ換えリコールという前代未聞の事態に陥るという別の面でも話題になった911だったが、リコールされた後のエンジンも9000回転を律儀に回って、その割に非常にフレキシビリティーの高いエンジンであった。街中で9000回転使うシーンはないにもかかわらず、ほんとに9000回転回って感動したクルマだった。だからこそ、GT3 RSは同じエンジンが載ったクルマをRSにしたと考えて、心を躍らせてこの走らせる日を待っていた。

　その願いがかなって、富士スピードウェイでの走行でわかったのは、GT3 RSとGT3とは違うクルマだったということ。

　何が違うか。まずエンジンが違う。GT3は3.8ℓで9000回転まで回るクルマだったが、RSは4.0ℓで最高回転数が8800回転なのだ。200回転ほどレッドゾーンが低くなっている。乗ってみてタコメーターを見て「あれ？」だった。富士スピードウェイで走らせると、9000回転回るGT3も実は8000回転を超えたあたりから、回ることは回るのだが、トルクが落ちていて最大パワーも伸びが鈍ってくる。速く走らせるには8000から8500回転でシフトアップしていったほうが速い印象だった。

　当然ながらPDKなのでDレンジにセットし、スポーツモードで走ると、自然と9000回転でシフトプログラムされている。ポルシェとしては9000回転使わせようという意志があるわけだ。ただ乗っているほうの印象としては9000まで回してしまうとあまり伸びていかない感じであった。

　一方のRSのほうはどうだったか。こちらは8800回転でシフトアップするので、シフトアップしたあとのトルクの立ち上がりも強力だし、排気量が大きい分もあるかもしれないけれどエンジン全体のピックアップがすこぶるつきでトルクも増え、扱いやすくなっている。「こいつは速いぞ！」そう思えるクルマであった。

　しかし結果的には、ラップタイムはGT3もRSもほぼ一緒。1分53秒台。ブレーキもいたわりつつ、7〜8割程度の走りだったのでブレーキの性能を最大限生かして走れば50秒いくかいかないかの性能だと思う。最高速もGT3が260km/h程度。RSは261km/hぐらいとほとんど変わらない性能だった。

トランスミッションが PDK で、ツインクラッチなので D レンジで走るのが基本になるが、シフトプログラムの関係でギアがあわないときはパドルでシフトするわけで、D レンジから動かすとつねにプリセレクトという状態になって、トランスミッションの油圧のためにパワーの損失が大きくなってしまう。そこでマニュアルシフトだけで走ると 1.5 秒くらい遅くなる。したがって D レンジのスポーツモード、これがベストな走り方になるだろう。

ハンドリングは、2 輪駆動なのでリアにパワーをかけたときのナーバスさに注意しながら。996 以降リアエンジンの 911 もすごくコントロール性があがって走りやすくなった。しかし、さすがにここまで速くなるとどこかアンバランスな部分が出てきているみたい。今回採用されているタイヤがミシュランの（Pilot Sport Cup2）非対称のセミスリックのようなタイヤで、タイヤの内側に溝が多く、外側に溝がないタイヤ。こういうタイヤはスリップアングルが大きくなってから、さらにグリップが急激に立ち上がるので、スリップアングルの小さいところではかなり早めにヨーが立ち上がったり、フロントでいえばハンドルの効きが甘かったりする。それが外側のタイヤを使う領域になると急激にグリップが高まって、アンダーオーバー特性が出ている。そこを理解しないとちょっと怖いなという印象だった。タイヤのキャラクターやセッティングを変えていけばもっともっと走りやすくなるはずだ。

RS の車体重量は GT3 より軽い（カタログ値では 10kg）。ボンネット、トランクリッドがカーボンになっている。RS なのでロールケージが入っている分相殺して重くなるが、試乗車はブレーキがスチールローターだったので、PCCB（セラミックコンポジットブレーキ）にすればもう少し軽くなり、ストッピングパワーもあがるだろう。

結論から言うと、GT3 RS はこれからもう少し、セッティングが煮詰まっていくのかなというのが率直な印象。まだ完成されている雰囲気ではない。ポルシェとしてこういう段階で露出してくるのはちょっと驚きである。いつもなら、非の打ちどころがない印象を受けることが多いが、まだこのクルマにはアンバランスさがあり、500 馬力を 2 輪駆動で扱う難しさが出ている。進化の伸びしろがまだまだ用意されている印象であった。

ポルシェのエンジニアも組織も変わってきていると聞く。エンジンリコール等の汚名を晴らすために GT3 RS が投入されてきたと思うが、この真紅に近いオレンジカラーをまとった RS のポテンシャルに、見た目ほどに驚くことはなかった。

911 GT3 RS
500 馬力を 2 輪駆動で使い切る難しさ。そこに進化への糊シロが！

Technical data Porsche 911 GT3 RS		
空気抵抗係数		0.33
エンジン：		
型式：排気量		水平対向6気筒4バルブ　3,996 cc
最高出力		500 ps (368 kW) / 8,250 rpm
最大トルク		460 Nm / 6,250 rpm
圧縮比		125 hp/l (92.1 kW/l)
マックスエンジンスピード		8,800 rpm
ホイール＆タイヤ		前 9.5 J x 20　265/35 ZR 20
		後 12.5 J x 21　325/30 ZR 21
車両重量		DIN　1,420 kg
		1,720 kg
走行性能		
最高速度		290km/h
0～100km/h 加速		3.3 秒
0～160km/h 加速		7.1 秒
0～200km/h 加速		10.9 秒
0～400m 加速		11.2 秒
全長		4,545 mm
全幅		1,880 mm
ドアミラー付き全幅		1,978 mm
全高		1,291 mm
ホイールベース		2,457 mm
Track widths		front 1,587 mm
		Rear 1,587 mm
ラゲージ容量		前 125 ℓ
		後 260 ℓ
燃料タンク容量		64 ℓ（オプション：90 ℓ）

ポルシェにおいて RS の頭文字はレーンシュポルトを表し、2003 年以来、911 GT3 をベースに RS バージョンを開発している。RS は自然吸気エンジンを搭載した 911 シリーズのトップモデルで、ピュアレーシングカーの直下に位置する。ニュー 911 GT3 RS は、この高性能スポーツカーの第 5 世代にあたる。

アルカンターラによるブラックインテリア、ドアパネルとドアハンドル、および新しいスポーツステアリングホイール（径360 mm）。918 スパイダー由来のカーボンファイバー製フルバケットシート、中央部にアルカンターラを採用したブラックのレザー仕上げ。

標準装備されるクラブスポーツパッケージには、フロントシート後方にボルト固定式のリアロールケージが装着される。

エアロダイナミクスコンセプトは、フロントフェンダーに広がるホイールアーチのユニークなエアエキゾーストベントなどによって、先代モデルより 2 倍のダウンフォースを発生させる。

911 GT3

『富士』で確かめた911 GT3 RSの真の素性

「富士」で確かめた911 GT3 RSの真の素性

中谷インプレッション
nakaya impression

911GT3

こちらは2015年モデルのポルシェ911 GT3。エンジンが9000rpmまで回せると話題になったのはいいが、初期ロットはエンジントラブルが多発し、エンジン全品リコールによる交換という前代未聞の事態で別の話題にもなってしまったモデルだった。

9000rpmまで回るエンジンといえばホンダのS2000が思い出されるが、ポルシェとして大排気量の水平対向エンジンで9000rpmまで回る市販エンジンは初めてだ。

また991 GT3からはMTではなく、2ペダルのPDKのみの設定とされているのもトピックスで、AT限定免許の人でも普通に乗れてしまう。

ローンチコントロールで異次元を楽しむ

そこでPDKのローンチコントロールを試してみようか。スポーツプラスを選択して、Dレンジにエンゲージし、ブレーキを強く踏んだままアクセルを一煽りすればアクティベートされ……アクセルを全開のままブレーキをリリース！と、けたたましいサウンドと共に怒涛の加速。窓の外の視界の動き方がその凄さを伝えるだろう。このように1秒強で60km／hを軽く超えるようなとんでもない加速を披露してくれる。

ローンチコントロールはGT-RなどDCT搭載のスポーツカーにはよく採用されているが、初期の仕様ではローンチコントロールを使用した場合は、1度行うとしばらく時間を置かないと2度目ができなかったり、コンピュータ内に履歴が残りクラッチが保証外になってしまったりといろいろ弊害があった。それが、このポルシェPDKのローンチコントロールは積極的に何回使っても大丈夫で、車載の取扱説明書にもローンチコントロールの使い方の項目があるくらい。

エンジンサウンドは、スポーツエキゾーストボタンをONにしていると見事に炸裂したサウンドになって、いい音を耳に響かせてくれる。PDKは7速のフルオートマとしても乗れるし、PDKのスポーツモードを選択すると、アクセルをポンと踏むだけで瞬時にキックダウンし、また減速時も自動的にブリッピングしてシフトダウン制御をしてくれる。ポルシェのPDKはDCTのなかでもフェイルセーフの保護性能や、クラッチの容量面でも信頼耐久性のレベルや完成度が高く、また最高速の面でも馬力損失を限りなく減らしてMTとほとんど変わらない。少なくとも手動でいくらマシンガンシフトをしても、このPDKには追いつけない。また燃費の面では効率の良さがテキ面に効いていて、本当にすごいと思える。

格段にアップした『街中走行』性能

　アクセルペダルとブレーキペダルだけでなく、左側のフットレストもアルミ製となっていて、足の置き場に困らないのがいい。サーキットレベルでかなり高い踏力を加える場合でもコントロール性がよく、もともと普通の911でもそのあたりのレベルは高いのだが、GT3はさらにそれを上回る……もうこのあたりは完全にレーシングカーの領域にある。そのわりには997までと比べると、同じGT3でもこちらは乗り心地が凄く良く、NVHの処理も優れていて快適……もう普通に乗用車として扱えるほど、街中での使い勝手やドライバビリティもとても良くなっている。
　PDKはマニュアル操作をしなくても、Dレンジ走行中にアクセルやブレーキの踏み加減でシフト操作を操れるし、何もしなくてもブレーキで減速するだけで踏力に応じてシフトダウンもしてくれる。PDKをスポーツモードにすると、よりダイレクトなフィールとなってシフトショックが身体に伝わって来る。

　次にマニュアルモードにして走ってみる。試しに1速で9000rpmまで引っ張ってみたけれど、スムーズで綺麗に振動もなく気持ち良く回ってくれる。

　GT3はリアシートがなく2シーター仕様なのだが、そのシートを取り外した部分は荷物置場として利用することができ、またフロントにも大きめの旅行用カバンがすっぽり入るほど広いトランクを備えている。積載能力はミッドシップのランボルギーニやフェラーリなどと比べても、普通に旅行や買い物にも行ける実用性能を備えていると言える。

　街乗りも気楽に走れて、サーキットに行けば楽しくて耐久性の高いスポーツカーとなる二面性も備える911 GT3。価格は高いことは高いけれども、最近のポルシェは丁寧に綺麗に乗れば買った時の価格とあまり変わらない値段で手放せるという状況になりつつある上に、GT3はプレミアム性も極めて高いのでとても魅力的だと思っている。

いつもながらの『正常進化』に納得した！

久しぶりに小田原から箱根まで走ってみた911 GT3。この上にRSが出て911系のトップモデルの座を譲ったとはいえ、GT3の「正常進化」ぶりに触れてホッとした。進化という言葉はだれでも使えて簡単に聞こえるかも知れないが、わたしの中ではその言葉は非常に重い。ポルシェの中でもいろんなモデルがあるけれども、911系がもっとも厳しくそれを守っている。

中谷明彦君とも時々話すことがあるのだが、ポルシェはいつでも、下のランクのモデルが新しく投入されるときは、必ずダイナミクスで劣っていた次のモデルの性能が超えていく……それがポルシェのプライドであり、ほかのメーカーの追従を許さないところでもある。

それができるポルシェの体制もさることながら、ポルシェに関わる周辺の関連グループ企業・業者の技術力や経済的な体力が成長するように、平たくいえば、それで食べていけるよう、大事に育成し面倒を見ているポルシェの取り組みにも、ほんとうは目を向けなければ今のポルシェは理解できないだろう。

911にも挫折しかかった時代が…

かといって、ポルシェがいつも順風満帆だったわけではない。あの911モデルだって消えてなくなりそうな時代があった。あれは1980年代の半ばだったろうか。第一には排気ガスよりも、衝突安全ボディが求められたこと。それに対応するにしてもリアエンジンの宿命で、正面衝突テストに対して、フロントにエンジンのないRR車はクラッシャブル対応で逃げどころのない立場に追い込まれた。重量増とかいろんな問題が出てきた。4シーターにするのも辛い。

その当時のポルシェ内部でどんな葛藤があったかは知らないが、全部をFRに切り換える流れがはじまった。924、928、944……そちらへシフトしそうな情報が伝わって、ポルシェは世界のポルシェクラブからクレームを受けたという時代もあった。今思えば、一時は反対されたことが逆にポルシェはポルシェファンに救われたといえないだろうか。あれが切り換わっていたら、いまのポルシェがあったかどうか。それをポルシェは乗り越えて来たわけだ。日本のメーカーだったらそうはいかなかっただろう。

さてGT3を走らせながら、思わずうなってしまったことに触れたい。「う〜ん」と、うならせたのはいいが、次の言葉が出て来ないのだ。

それほどの境地にGT3はできあがっていた。

ターボを使わないNAで500馬力近いエンジンを、それほど大きくもない寸法のボディに積む。フラット6、4バルブで3.8ℓ、それをストレスなく9000回転まできっちりエンジンを回し、高剛性のボディでありながら1.4トンちょっと、カーボンを使わないでこの重量は信じられない。それができているのが正常進化のあらわれで、関連するありとあらゆるディテールをきっちりとファインチューニングする。その小さな積み重ねによって、はじめて達成できるものなのだ。

これは一旦、なにかの都合で途切らせて何年かお休みしたら、もう二度とできなくなってしまう。そんなポルシェの奥の深さに想いをいたらせるものが、この911 GT3にあった。

PORSCHE TALK 02

黒澤元治
motoharu kurosawa

ポルシェとブリヂストン

　ポルシェからは多くのことを学んだ。現役のドライバーだった時でも、ポルシェは高嶺の花で横から眺めているだけの関わりだったが、あれは1983年だった、と記憶している。

　日本でも60タイヤが認可されることと、ブリヂストンが「833」と呼んだ夢のコンパウンドを開発できたのをテコに、世界の市場を目指す手がかりとして「ポルシェ認証」タイヤ開発に取り組んでいた。ところが、16インチサイズのリアはOKだがフロントについてはNOとポルシェが難色を示していて、もう一つうまくいかない。

　そこで、そのアドバイザー兼テストドライバーとしてわたしを起用したい、という申し入れがあった。ついては、富士スピードウェイでポルシェ911のレンタカーを用意したから、開発中のタイヤを仕上げるテストしてくれという依頼だった。

　それがわたしの911ターボとの出逢いで、パフォーマンスをフルに使ってのサーキット・ドライブで、改めてポルシェの圧倒的なパワーを思い知らされる……。

　とにかくRRだから、やたらとリアが重い。慣性モーメントでリアがしきりと出たがる難しいクルマ、それを御（ぎょ）しきった時のドライバーとしての醍醐味。よし、この手強いポルシェが認めざるを得ないタイヤにしあげようじゃないか。ポルシェとの、いい意味での長い「闘争」がはじまった。

　結論からいうと、再挑戦したブリヂストンのRE91タイヤは、それでもポルシェの承認を取ることはできなかった。専任の担当技術者が「もう、手の内がない」と男泣きして落ち込んでいる姿を見て「よし、俺に任せろ。ポルシェを納得させるタイヤを、これから1年の間でつくってみせようじゃないか」と、その気になってしまった。

　新しく「RE71」開発プロジェクトがスタートした。ポルシェ側からも二人のテスターに来日してもらい、黒磯（BSのテストコース）や鈴鹿サーキットで、お互いの評価シートのつき合わせからはじめた。つまり、同じタイヤをポルシェのテスターと黒澤に、20項目くらいの評価シートをつくらせ、それを照らし合わせる。グリップレベル、レスポンス、前後バランス、リバースして滑った時のコントロール性……。今度プロジェクトに起用した黒澤は本当に大丈夫なのか、確かめたいというBSの狙いもあったのだろう。

　何スペックかやってみた。ところが両者の評価内容があまりにも一致する。これならBSも納得したのだろう、正式にGOサインが出て、ことがトントンと進みはじめる。そこでこちらから、
「ところでわれわれの納入したタイヤをポルシェはどこで評価しているのか？」
と、問うてみた。そこで初めてニュルブルクリンクの名前が出てきた。耐久レースが開催される長くて過酷なサーキットだとは聞いていたが、タイヤテストで使われていたとは知らなかった。

　徳大寺有恒さんに訊いてみると、とんでもないコースだという。1周20キロ以上もあって、当時300馬力プラスのポルシェ911ターボなんかで200km/hオーバーのところが4ヶ所もある、と。

ニュルの路面と対話できるタイヤを求めて

　さっそく現地に飛んだ。911 ターボのレンタカーでドライブしてみて、やっぱりここで開発するのが近道だろう、と肚（はら）が決まって、ポルシェとニュルと格闘する日々がはじまる。

　といっても、BS に基地があるわけではない。そこで新しくできたばかりのグランプリコースに入るところに小さなパドックがあって、やっと貸ガレージの一部を借りてはじまった時には、'84 年もすでに後半になっていた。
　ニュルブルクリンクを知り、ポルシェを本当に知ったのも、そういうバックグランドがあったからこそだが、ともかく本当に危ないコースで、何度、大きなクラッシュをしたことか。911 で 2～3 回、928 もあり、NSX でも……片手では足りないかな。

　それからのほぼ 1 年、ニュルと日本を何度往復したことだろう。雪で閉ざされた時期を除くと、月の半分はニュル暮らし、といってよかった。
　このポルシェ向けのタイヤ開発の日々を通して、とくにヴァイザッハとの付き合いもでき、マイスターとよばれるポルシェのテスターたちと交流もできたのも、わたしにとって望外の稔りとなった。

　わたしの開発したタイヤは 85 年に、'86 年度用スペックとして承認を受けるわけだが、その時、BS の開発責任者に問われた。「ガンさん、このタイヤをポルシェ側に納入するのに、なんと説明しようか」と。そこでこう伝えたのを覚えている。
　「あの変化の激しいニュルの路面と対話できるタイヤだよ」と。それを彼らがドイツ語でどう翻訳したかは知らないが、ポルシェに納める際に「これは路面と対話しやすいタイヤですよ、と黒澤テスターがメッセージしています」と伝えたそうだ。
　それに対して、ポルシェのマイスターとよばれるテスターが、「それはポルシェが求めているタイヤだ。それはわれわれの使っている言葉で《ステアリング・インフォメーション》だよ」と、喜んでくれたわけだが、それ以来、BS の「評価シート」に「ステアリング・インフォメーション」の項目が設けられた。

　プロジェクトは終わった。そこでひとつ、わたしの方から BS の担当幹部にお願いをした。使命を果たしたクレーマー仕様の 911 ターボを記念に譲ってくれないか、このあと個人的に乗っていたいので、と。BS も快く OK の返事。早速、日本に送る手続きを済ませ、もちろんメインテナンスをし、今度は手元で 911 ターボと親しむ日々がやってきた……。

日常からの離脱に必要な1秒間

偏愛インプレッション　仁川一悟

都心のビルの駐車場の奥深く、暗闇にそいつは佇んでいた。ドアを開け、乗り込み、キーを捻る。

エンジンのクランキングがスタートすると同時に、ドキっとした。

『長い……』

時間にしたら1秒も無いが、最近のクルマにはないクランキング時間の長さ。

それはあのテレビで見るフォーミュラーやスーパーGTのエンジンスタートのようだ。

その直後、今までに経験したことのない迫力のエンジン音が響く。他のポルシェとは明らかに「違う」。

サイドサポートの高いカーボンバケットシート、レッドゾーンが9000回転からのタコメーター、真ん中にはGT3のロゴ、バックミラーには中央を大きく遮る巨大なリアスポイラー。

エンジン始動の「特別な1秒」は、間違いなく日常から「離脱」できる特別なポルシェを主張していた。

レーシングポルシェをそのままに

街中で乗るGT3の印象は、硬派と意外が混じった不思議なものだった。

乗りはじめれば、PDKが自動で変速を繰り返し、気温35度を超える真夏でも、室内は快適な温度に保たれていた。カーナビももちろん付いている。AT限定でも乗れるのでまさに誰でも乗れるマシンである。レーシングカーのそれと比べればずいぶん文化的で平和だ。

反面、室内はそれなりに騒がしい。ミッションを始めとしていろいろなところからいろいろなメカニカルノイズがはいってくる。極太タイヤが跳ね上げる石の音も、時に盛大に入ってくる。エンジン音も爆音といって差し支えない音量。そして、ブレーキを踏むと経験したことのない剛性感とともにスピードを削り取っていく。これがPCCBのフィーリングか。

バケットシートで体がガッチリ固定された状態で、路面の凸凹をきっちり拾う。極めて高いボディー剛性を持っているので、不快ではないが、逆にいえば不快一歩手前。ちょっと路面の悪いところでは、正直、しんどい。これでも、PASMは『柔らかい』設定だが。

911 GT3

　PDK も約 1500 回転でクラッチをつなぐような仕様で、それ以下の速度だと半クラを繰り返している状況だが、1500 回転でもなかなかの音量である。街中で注目の 1 台なのも無理はない。今回新たに採用された、リアのホイールステアを実感できることはほぼなかった。厳密にいえば無いわけではなかったのだが、911 の割には小回りが利く気がしたのと、軽くステアリングを切った際にリアの微妙に動くような感覚があったのだが、これも普段乗っているわがボクスターと比べて微妙な違いを感じた世界なので、『同じ舵角でボクスターより曲がるのがおかしい！』といった程度かな。角度にして 1.5 度なので、毎回作動を体感するのは難しいかもしれない。

　街中では正直なところあまりいい印象がなかった。そこで高速道路に連れ出す。なるほどサスペンションがようやくフラットな状態になってきた。踏めばどこからでも十分なトルクがあり、9000 回転まで怒涛の加速が続き、電光石火の早さでシフトが決まる。ここまで速いと PDK は必然だろう。何しろ、開発時に相反する事象が起きたときは、速さを取ってきたクルマである。今更変速時間のかかる『MT』を選択する理由は何もない。結局、高速道路に入っても、車の印象はそれほど変わらなかった。何しろ、日本の『法定速度程度』ではどっしり安定しており、実力の片鱗は全く見えてこない。やはりサーキットを走るために生まれてきたクルマだろう。日常で乗るにはネガティブな面が多いのもまた事実である。

　サーキット走行を趣味に持つ人にとって、このポルシェは最高の相棒となるだろう。圧倒的なパフォーマンスを持ちながら、自宅とサーキットとの『平和な』往復までこなす日常的な性能も併せ持っている。休日にこいつに乗ってサーキット走行を楽しむ。その日の朝、GT3 のクランキングをした瞬間から平凡な日常から離脱できる時間がやってくるのは間違いない。

　反面、日常的に公道でこのクルマを乗るのは、荷が重い感じがするのも事実だ。何かと不便が多く、事有るごとに「タイムを縮めるためだから」と言い訳をしなければならない。

　個人的には、このすばらしいエンジンを楽しむ日常使いできるクルマがあったらベストだと感じる。911 に 7MT とこのエンジンが付いていたら、最高だ。でももしかしたらここまでのパワーは不要だから、9000 回転回るもう少し小さな排気量のクルマだったらベストかもしれない。しかしながら、現状この「特別なエンジン」を積むレーシングフィールのポルシェは GT3 しかない。そして、この GT3 を買ったら性能を発揮させるためにサーキットに行きたくなるだろう。今回の試乗車は OP 含めて約 2200 万円。諸費用に加えサーキットに通うランニングコストを考えると、GT3 を手に入れるに、極めて高いハードルがあるのは間違いないが、それだけの特別なフィーリングは確実に持ち合わせている。日常と離脱するキーを手に入れるのは、やはりわたしには「夢物語」なのかもしれない。

PORSCHE 911 GT3

試乗車のデータ
車両価格：1912万円
テスト車(OP含む)：2201万7000円
オプション装備内容
    LEDヘッドライト（PDLS付き）　　　　　　　　51万5000円
    ポルシェ・セラミックコンポジットブレーキ（PCCB）　166万8000円
    スポーツ・バケットシート　60万3000円
    アルミニウムペダル　9万1000円
    フロアマット　2万円

オプション（OP）装備について

・試乗車に装着されていたスポーツ・バケットシートは、カーボン製のサイドエアバック付きセミバケットシートとなっており、どの車両でもGT3の性能を考えると、ここは装着を薦めたい。
　しかしながら、かなり大柄なサイズとなっていてそれほど窮屈ではない。
　実際にサーキット走行をすると考えるとフルバケットシートの導入も検討したい。

・サーキットを走るのであればクラブスポーツパッケージを安全性の観点からも積極的に薦めたい。

・PCCBについては、主に街中で使用するのであれば、ブレーキフィーリングが良く、ブレーキダストが少なくなるので装着がお勧め。しかし、サーキットで使用する場合はランニングコストの問題があるため、各人の財政状況と相談していただきたい。

・フロントリフトアップシステムについては、日本の駐車場事情を考えると装着するのがベター。本当にサーキットとの往復しかしないのであれば不要だが、場合によっては休憩できる場所も選ぶ可能性があることをお忘れなく……。

column

"一粒の麦もし死なずば"からのはじまり

ベストモータリング同窓会の原郷は1992年10月号 PORSCHE特集にある！

一粒の麦、
地に落ちて死なずば、
唯一つにて在らん、
もし死なば、
多くの果を結ぶべし。

一粒の麦は、地に落ちて死ななければ、一粒のままである。だが、死ねば、多くの実を結ぶ。自分の命を愛する者は、それを失うが、この世で自分の命を憎む人は、それを保って永遠の命に至る。
(ヨハネによる福音書12章24〜25節)

そこに登場した3人のキャスター、徳大寺有恒（2014年11月物故）、黒澤元治、中谷明彦の「ポルシェ」を通して説くクルマへの情熱、愛、理解する力を、乳飲児のように吸収したあのころ。それをもう一度再現してみようじゃないか。それが「ポルシェ偏愛」への誘惑の第一歩だったとしても、なんという豊かで、滋養たっぷりな、先人のレクチャーだったことか。

黒澤元治

ニュルブルクリンクを開発テストの聖地にした男

PORSCHEこそ、わが永遠の物差し

　911ターボは、わたしにとって深い感動を与えてくれたクルマであり、とてつもなく多くの時間をともにするクルマである。この911ターボに採用されているブリヂストンの『ポテンザRE71』は、ドイツのニュルブルクリンクで2年の間、激しく厳しい開発テストを繰り返して誕生したタイヤである。

　もちろん、そのタイヤ車両として用いられたのは911ターボが中心になっていたことはいうまでもない。そのため、ここ2年間ほどの911ターボのドライブ距離は、おそらく世界のだれよりも長いものと自負している。

いつの世も時代に即した最速車に進化しているポルシェ！

　最速の911ターボといえども、さすがにクルマを取り巻く環境には勝てず、高性能であり続けるためには、その時代に合致した速さへの改良を行ってきた。そしていつも基本的な味を残しながら、確実に進化させている。

　ややソフト化したとはいえども、このポルシェ911ターボは高性能を保ち、やはり世界一級のブレーキングシステムを保持するという、現代の環境下での最高のこの911ターボ、やはりわたしにとって、オーナーとして持ちつづけたいと願うクルマである。

ぽらりすeBooks
『クルマ仲間 名作図書館』より

'91年仕様の911ターボ

　911ターボは、ポルシェの筆頭スポーツクーペ。過去に959という超高性能車が生産されたりしたが、それはあくまでも特殊な限定モデル。クルマ自体の性格も一般公道を気楽にドライブするというものではない。それらを考えると、量産スポーツカーで最高の性能を保っているものは、やはり911ターボということになるだろう。

　この91年仕様のターボは、ポルシェのクルマ造りの方向性が変わり始めていることを如実に物語っているモデルだ。

　まずエクステリアは空力性能に優れており、また911の基本フォルムを保ちながら、ほぼ完成されたスタイルとなった。この911ルックで、これ以上はないとも思えるフロントバンパーやスカートの処理がなされていると思う。もちろん、リアもフロントに合わせ丸みをもった現代的な造りとなった。同時に、タイヤも17インチにもなり、サスペンションのセッティングも大きく変更された。

　もちろん、リアもフロントに合わせ丸みをもった現代的な造りとなった。同時に、タイヤも17インチにもなり、サスペンションのセッティングも大きく変更された。

　その結果、ややアンダーが強めに出るF/Rバランスとなったことから、リアのウィングのダウンフォースを旧型より低くして、リアのダウンフォースを少なくした。そして、それが最高速を伸ばす要因ともなったのである。

　ところで前述の通り、タイヤは17インチとなったのだが、乗り心地は乗用車的なものになってしまった。

　つまり、ブッシュやダンパーを、オンロードでの乗り心地、ロードノイズ、通過音などの快適性能を重視したセッティングにしたということだ。

　エンジンは320馬力とパワーアップされて、アウトバーンや高速道路での性能が大きく向上したことは評価できる。そして何よりも非常に静かになった。だが、このターボでサーキットをスポーツドライブすると、荷重の変化が急激で、サスを通してのタイヤの接地変化が大きく、コントロール性がやや低下してしまったのが残念である。

　パワステになり、ダイレクト感が薄れてしまった911ターボだ。

再現

ガンさん「カレラ2で路面を手で触るようにして走る」

Porsche911カレラ2
(1992年時価格 1035万円)

デビュー当時のモデルと並べても、そのシルエットにはほとんど差が見られない独創的なフォルム。

1963年にプロトタイプ901としてフランクフルトショーにてデビューし、64年に911として発売されて以来、実に28年間、世界を代表するスポーツカーという地位を、不動のものとして保ってきた。

いつの時代にも、世界のスポーツカーの目標たり得る高い性能を持ち続けてきた911の存在は、ポルシェが911以外のモデルへ発展することを許さなかった。

現在のカレラ2は、3.6ℓの排気量で250馬力、前2座席分のエアバックの標準装備などにより車重は1350kg、カタログ馬力もパワーレシオも特別に飛び抜けていないカレラ2を、ポルシェはどうスポーツカーに仕立てあげているのか……その吟味役を黒澤元治さんが買って出たのである。

テストステージは草原の間を縫うワインディング路。ドイツにもよく似た場所があって、ちょうどポルシェのバイザッハあたりにあるような、あるいはニュルブルクリンクのポルシェのガレージ近辺あたりかな。そういう意味で、面白いんじゃないかな、と前置きして911カレラ2のシートに収まった。

ポルシェの中で、それも911系の中でぼくはこのカレラ2が一番好きですし、よくよくできているクルマだと思う。もちろんターボもいい。あのパワーは魅力だ。しかしカレラ2のバランスのよさがその上をいく。

まずカレラ2のいいところは、小さいこと。それとボディ剛性がしっかりできていること。で、ブレーキがいいこと。ポルシェはだいたい似ているようなフィーリングだが、その辺の路面からのダイレクト感がとりやすいこと。コントロール性がいい。

コントロール性がいいということは、荷重変化、あるいは路面変化によっても、姿勢変化は起こるけれども、変化が少ないということ。

こうやってコーナーの多い道を走っていると、生き生きしてくるのがポルシェ。ちょっと表現が合っているかどうかは別にして、こう走りながら、路面を手でズーッと触っているような感じ。その感じが、お尻だとか、ステアリングだとかに感じる。

(走り終えて) これが、いまの結論。

　ポルシェらしさ、国産車にないものはなんだろうか。それはまず路面を常に感じさせる。手に取るように、という言葉があるが、手で触るように、それを味わいながらドライブしている。

　国産車の場合、開発するときに「N＝騒音」「V＝振動」「H＝突き上げ」からまず優先して取り組んでいる。しかしポルシェはむしろ、その「NVH」をそのまま受け入れて、例えば振動は振動としてダイレクトに伝え、エンジンの変な振動のような、バランスの悪い振動は制御するが、走行上の振動みたいな物はドンドン取り入れる。その辺がスポーツカーたる所以かな。

　谷田部でのテストも終えて
(ガンさんの評価も煮詰まってきた)
　ポルシェのよさ。国産車が大きくなっているのに対して、ポルシェは928は別として、911系はいまの国産車からみると非常に小さくなっている。

　その小さいクルマをボディ剛性をしっかり出して、サスペンションをきっちりと計算通りに働かせているので、走ったときには路面の接地感をキチッと出して、さらにハンドリング、あるいは路面変化で起こった挙動に対しても、接地変化を非常に少なくしている。

　その結果、それがドライビングする楽しさとか、あるいはシャープさにつながってくる。

　わたしが語るまでもなく、ポルシェのブレーキは恐らく、この地上にあるクルマたち、レーシングカーは別にして、オンロードカーの中でトップのブレーキ性能を持っている。

　もっといい換えれば、いろんなクルマが誕生する際に、かならずポルシェのブレーキを勉強し、あるいはポルシェのブレーキを意識してつくっている。それほどにポルシェのブレーキが素晴らしいということだ。

　少し抽象的になるが、各パーツ、一つひとつを、自動車とはどうあるべきか、ということを追求しながら、ポルシェはつくられている。

　国産車の開発で辛いのは日本の道路事情。日本で開発しているときに高速では走れないため、低速での使い勝手、乗り心地といったものが、どうしても要求される。HONDAのNSXがそのいい例だろう。ボディ剛性をせっかく出し、ミドシップで、ポルシェを超えているような性能を持ちながら、乗り心地をよくするために、コンプライアンスピボットを使って突起物、あるいはそのハーシュネスをやわらかくしよう、ソフトにしようとする手法を用いている。

　その結果、確かに一般道路を走っているときはいいし、ドイツのアウトバーンを真っ直ぐに走る分にはいい。快適である。

　ただそこで荷重移動しようとすると、コンプライアンスピボットがイタズラをして、ロール方向(フロント)の動きが大きくなってしまうのを、予知したい。

　ほかの国産車の場合も、肝心の運動性能に絞りきれないところが確かにあって、フワワワ、あるいはヨタヨタなところが出てしまう。それがポルシェの場合は、恐らく、日本の市場はそれほど強く意識していないだろうから、ドイツでのアウトバーンなどのハイスピード走行、あるいはサーキットを走った場合の快適性だけを追求して開発できる。

　だから実際に走らせると、そのダイレクト感とシャープさが前面に出てくる。そのあたりがポルシェとそれ以外の多くのクルマたちとの違いかな。

● Best MOTORing '92/10 Porsche Special より再現

中谷明彦

Porscheとの出会いと964と共生した20年
なにがポルシェを偏愛させるのか

このクルマは 92 年式の 3.3 リッターボースにパ
JP(355ps) と機械式 LSD が入った 93 年モデルのリミテッドとい
日本専用の特別仕様車。もう 20 年以上乗っているのに、いつ乗っ
ても買ったばかりの新車のフィーリングがいまだに残っているとい
うことに何よりも驚かされる。

ほんものの「ポルシェの乗り味」

世の中のクルマがどんどん進化していって、ハイパワーになると
同時にいろいろな電子装備もいっぱい装着されていって、それらを
提供しているサプライヤーが同じ（ドイツ車はその多くがボッシュ）
なので、どのクルマでも同じような制御・味付けになっていて走り
の個性が失われているのだけれども、そういう意味でもこの 964
ターボには個性豊かな乗り味が残っている。

（ダッシュボードを指さしながら）この 5 連のメータがずっと 911
には 30 年間変わらずに採用されていて、このデザインでないとや
はり 911 という感じが、若しい年代だと薄らいでしまう。横幅に
しても室内幅は日本でいう軽自動車くらいしかなくて、そんなコン
パクトなクルマに 355ps のエンジンが載っているわけだから動力性
能的にはもう十分。また、このクルマには LSD が入っているのでス
キッドパッドでの定常円旋回でもリアのドリフトコントロールがと
てもしやすかった。また、MT は 5 速で 100 km/h で走っていて
も 2000rpm を下回るくらいにハイギアードな設定である。

わたしの著書『ポルシェ 911 ドライビングバイブル』（講談社
BC 刊、2015 年 3 月に電子書籍化=ぱぴりす社）でも触れているが、
一般には 911 は運転が難しいと言われている。リアエンジンでリア
の質量が大きくて、そういうクルマの乗りこなし術は理論的なこと
頭で理解しておけば決して難しくはないのだが、ただ間違った操
作をしてしまうとコントロールできなくなる。正しい操作をきちん
としていればクルマはしっかり応えてくれる。

そしてポルシェのブレーキにしても、このクルマはこの時代から
ポルシェ純正でブレンボがついているけど、ブレーキのペダルフィー
リングがよく、制動のコントロールがしやすい。もちろん耐フェー
ド性も高くて、ブレーキでタイムが大きく変わるということもポル
シェで学べる。通称「赤パジ」と呼ばれる（鳴きの問題で日常使い
は厳しかった）スポーツパッドをこのクルマにつけた時はもう目が
覚めるような、レーシングカーに赤パジを装着した時と同じ素晴ら
しいフィーリングを味わえた。またこのクルマのブレーキのバック
プレートに、一見変わった樹脂性のパッキンのようなものが装着さ
れていて、それは結果ブレーキの鳴きを抑えるような構造物だった
のだが、そういうのは日本の自動車メーカーの開発陣も知らなかっ
た。

このクルマはドライサンプで、オイルクーラーも最初から装着さ
れ、空冷だからオイル容量もとても多くて、今から考えるとかなり
アグレッシブな構成だなと感じる。この自分の 964 ターボは谷田部
のテストコースで、メータ読み 295km/h を確認できたのだが、そ
の性能は今でもそのまま維持できているはずである。

インパネのスイッチ類を始めとして、わたしが乗っていたポルシェ
962 というグループ C カーとこの 964 ターボの類似性が多くて、
それがまさにこのクルマを買った理由でもあるわけだ。将来、歳を
とっても（もう十分歳をとってしまったが）、昔ポルシェでレースを
していたのだ！という記憶を残すために、老人になってもこの 964
ターボを、それも MT を駆使して走らせていられるように、これか
らも乗り続けていきたい。

わたしは三菱のランエボの開発やレース活動に携わっている間にすでにこのクルマに乗っていて、十勝の24時間レースでリアのハブベアリングが焼付いたり、ドライブシャフトが傷んだり、いろんなトラブルと遭遇したときも、試しにこのポルシェが使っているものと同じグリスをベアリングに施工すると、次の年はそのままトラブルなく24時間走り切ってしまったことがあったりと、このクルマには本当にいろいろなことを学ばせてもらったものだ。

単行本に書ききれなかったこと、文字にしきれなかったこともいっぱいあり、またこの964に乗るたびに思い出すこともいっぱいある。それらをまとめて電子書籍版の『911ドライビングバイブル』に追加・更新していければ面白いじゃないかと、そういう風に思っている。

この964の時代はポルシェの会社経営状態が一番悪い時で、まだVWグループに入る前だったと思うのだが、そんな中でもポルシェはル・マンを制覇し、レースの現場での成果をクルマの開発に活かす姿勢を決して崩さなかった。

フェラーリも似たようなところがあるが、フェラーリは実際のレーシングカーと市販車の共通性があまり高くはない。しかしポルシェはレーシングカーと市販車が同じエンジンを使っていたり、同じ設計ポリシーで開発されたりしているので、この964を乗るたびに962Cを思い出させる。ちょうどこの964の時代はカップカーでワンメイクレースが行われ始めた時期でもあって、日本での「言いだしっぺ」として第1回目開催の時にゲストカーという形で参加。その時乗ったカップカーとこの964ターボとでも、そのシフトフィーリングは全く変わらないし、NAとターボという違いはあっても、不思議と加速のフィーリングや、サーキットのラップタイムにも大きな差がなかったのには、まったく驚かされてしまった。

進化しても、ポルシェはポルシェ

その後この964の後継993が最後の空冷ポルシェで、その後996で水冷化されて以降、997、991とどんどん進化を果たし、その進化に合わせてボディサイズも大型化していった。それは衝突安全への対応などいろいろな問題があるわけだが、失われていないの

乗っても、やっぱりポルシェはポルシェ、911 は 911、そう感じる部分がたくさんある。ニュル 24 時間レースなどで、プライベーターやセミワークスのような活動に技術を提供してレースの活動を途切れさせることなく、2015 年にはル・マンに復帰して 2 年目でワンツーフィニッシュを飾った。わたしも実は現地で観戦していたのだ。

が、その速さは圧倒的。そのような姿勢、取り組み……出るからには必ず勝つ、結果を残す。そのための研究開発を絶やさず続けるポルシェ。クルマ好きである以上は是非一度接して頂きたい。

今回ル・マンを総合優勝したポルシェはハイブリッド。あのポルシェもついにハイブリッドを搭載する時代になったわけだが、ポルシェはあくまでも速さを追求するための姿勢を貫いている。918 のようなプラグインハイブリッドのポルシェも登場してきており、高価でとても買えるものではないが、許されることなら、ぜひ手に入れたいと思うモデル。それよりはもう少し現実的な範囲で、パナメーラやカイエンなどにもハイブリッドモデルが登場していた。さらに 911 にハイブリッドモデルも噂され、991 でホイールベースが大きく延長されたのはエンジンとミッションの間にモーターを搭載するためを、などとまことしやかにささやかれたりしたのもポルシェならではの期待感からだろう。

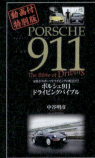

ぽらりす eBooks
『クルマ仲間 名作図書館』より

Best MOTORing アーカイブ
911に恋初めし時……

これまで911というクルマが、あまり好きではなかった。というのも、性能的には素晴らしいかもしれないが、運転が難しいし、乗りにくい。最近の国産車で同じくらいの動力性能を持っていて、運転しやすいのもあるじゃないか、と。

そういう時代にあって、911がそれほど運転しにくいクルマなのに、なぜ平気に売られているのか、非常に疑問に思えてならなかった。

それが1989年にグループCというレース・カテゴリーでポルシェ962Cに乗ることになって、はじめて911の素晴らしさに気がついた。この堂々と市販されている、本格的なレースマシンに乗った時、まるで911に初めて乗った時と同じようなフィーリングに驚かされた。
【註：中谷明彦は89年からグループCにエントリー。第1戦は富士500kmレースでデビューウインを飾っている】

サーキットを走って、アクセルを踏んで、ブレーキを踏んで、ハンドルを切って、というドライビングのなかで、すべてが911モデルと通じる。それを知った時、はじめて911がなぜ立派に存在しているのか、その理由がわかった。

この保証書までついて市販されているこの962Cで、ルマンの直線を370km/hで走った時の安心感、直進性の素晴らしさだとか、そのクォリティのすべてが911に通じている……。

（ここで中谷は962Cのシートに座って、長めのシフトレバーに手を伸ばす）実はこの962Cにはちゃんとシンクロが入っている。そんなレーシングカーはほかにないだろう。通常のレーシングカーはドグクラッチといって、オートバイと同じように、クラッチ操作しなくても回転数さえ合えば、ミッションにはいるようになっているが、ポルシェにはシンクロが装着されている。その違いのもたらす格差は大きい。

たとえばルマン24時間のような長い距離を走っても、ドライバーの疲労も含めてかならず完走するということ、そのためにミッションにシンクロを入れる……その辺のフィーリングを大事にしている。ギアが入る感じ、駆動が伝わる感じなども、911そのものだといえる。ペダルの踏みしろ、踏み心地、あるいはペダルの入り方、ドライビング・ポジション、ステアリングの剛性感、それらの伝わる基準がすべて、911と共通していること。

そのポルシェからのメッセージだと気付いたのです。

1989.04.09 WSPC SUZUKA "中谷FROM A" 962C 翔び立つ

1989年4月に鈴鹿サーキットで開催されたWSPC（世界スポーツカープロトタイプ選手権）のスタート光景。向かって、左から2台目、FROM A ポルシェが中谷明彦ドライブのマシン。第1コーナーを目指して競り合うライバルたちはザウバー・メルセデス、シルクカット・ジャガー、星野一義・鈴木利男組のNISSAN、小河等・バリッラ組のTOYOTAの面々。優勝は #61(バルディ・シュレッサー/ベンツ)、周回数82。#72の中谷・Hグロース組は10位でフィニッシュしている。

Photo by Minoru Kobayashi

徳大寺有恒、ポルシェを語る

Best MOTORing アーカイブ

　ポルシェの歴史は、ポルシェという会社がどんな歴史をもっているか、ポルシェのクルマそのものがどうなのか？　それからポルシェに携わった人々の「人間としての歴史」を語る……この三つの方向から語ることができる。

　まず重要なのは、ポルシェが近年（1992年時点）年間で58000台という極めて多いスポーツカーを生産する、ま、スポーツカー専門メーカーとしては世界一の量産メーカーになれた……これがどうしてなんだ、ということだと思う。

　もともとポルシェは、VWビートルを設計した、かの有名なフェルディナンド・ポルシェ博士の名前をそのまま使った自動車メーカーです。

　これは周知の事実ですが、その第1作とされるポルシェ356はポルシェ博士が自動車設計の研究所というか、設計会社をつくって、その356番目の設計だから「356」と呼称される。そしてその356でポルシェの基礎ができたといっていい。

　この356は第2次世界大戦終了後の1951年に生産がはじまる。それまでのスポーツカーはコンフォート（快適性）という性能とはほとんど無縁のもので、ポルシェはこのコンフォートというファクターを非常に重視した。これがポルシェの大成功の、最大の理由だと思っている。

　もう一つ重要なことは、ご存知のようにリアエンジンドライブだが、これが非常に重大なのだ。ポルシェの最初の試作車はミドシップだった。というのは、ポルシェ博士は世界で最初にミドシップのスポーツカーをつくった人。だからミドシップ・レーシングの重要さというものを、十分知っている。それなのにあえてミドシップで試作した356をリアエンジンにおき換えたのはなぜか。

　リアにオケージョナル（臨時）シートを二つ、つけたかった。で、これもポルシェの成功する重要な理由で、全く新しいスポーツカーモータリングを実現したポルシェは、やがて不朽の傑作、911を創る。

　911は、いわば356がスーパービートルだったのにくらべ、まったくオリジナルのポルシェ製。

　恐らく、このクルマは自動車の歴史上、もっとも成功したスポーツカーと言える。
＊1964年、伝統のフラット6を搭載する911がデビュー。排気量2ℓ。最高速度は210km/hをマークした。

初代356は1086ccのフラット4エンジンを搭載、40hpのパワーで最高速度は140km/hをマークした。

ポルシェ初の4WD、959で驚異的な300km/hの世界を見た！（ニュルブルクリンクにて＝ PHOTO：M.Miyajima）

徳大寺有恒・締めのコメント

　日本の自動車工業とポルシェとは、あまりにも違い過ぎる。
　数こそ正義で、「いったい、そのクルマはどのくらい売れるの？」に最大の興味がある。
　唯一の例外はNSXで、NSXはおそらくポルシェに学ぶことが多かったろう。NSXは初めから、911のライバルであることを目指したのを隠さなかった。恐らくポルシェに最も学んだ優等生、そしてことによったら、言葉は不穏当かもしれないが、ポルシェ911の「死に水」をとるクルマ、それがNSXだと思うが、それ以外の自動車メーカー、および自動車そのものに、ポルシェはなんの影響も受けないだろうし、ポルシェもなんの影響を与えないだろう。強いて言えば、タイヤがちょっとポルシェのためになっているくらいだろう。

＊近年ではBSのRE71が有名だがポルシェ911の存在はタイヤの性能向上に大きく貢献した。

　ポルシェと日本の自動車とはほとんど無関係な存在……だからいいんじゃないかな。仮にポルシェのようなクルマがたくさんあったんじゃつまらないだろうし、わたしもつまらないな。

＊ナレーション
　スパルタンなスポーツカーしかなかった時代に、4人が乗れて荷物も積める。これがポルシェを成功に導いたとすれば、えらく軟弱なイメージを持つかもしれないが、その楽チンなクルマで、常にモータースポーツに挑戦し、技術を進化させてきたのである。世界耐久選手権15勝、ルマン耐久24時間レース12勝のほか、タルガフローリオ、モンテカルロ・ラリー、パリ・ダカールラリー、カンナムシリーズからF1まで、あらゆるカテゴリーを制覇、1台で東アフリカのサファリからルマンまで出場できて、そのあと劇場に行ったり、ニューヨークの市街地も走れるクルマ……かつて、フェリー・ポルシェが911を評した言葉であるが、その911こそが、ポルシェが理想としたクルマなのだ。

黄色く輝く天使

偏愛インプレッション　イワタカズマ

忘れてはいけない、エンジンの魅力について。カレラSに搭載されるのは3.8ℓボクサー6の直噴NA、400ps。ここでひとつ重要なキーワードとなるのがNAであるということ。すでに目前に控えている噂のマイナーチェンジで、排気量の若干のダウンサイジングと共にターボ化されるのは公然の事実となっている。現在よりさらなるパワーアップと燃費性能の向上の両立が図られるというが、いわばこれからはターボを選ばなくとも普通のカレラが最初からターボ。むしろ今後NAの911を選ぶこと自体が難しくなるのが想像できる。そう考えると、この991型は空冷最後の993のように、NAを手軽に味わえる最後の貴重な存在として、今後重宝されるようになるかもしれない。

　レーシングイエローが眩い991型カレラS。7速PDKの右ハンドル。少し前までは絶望的に少なかったRHDも、日本市場では随分と個体数が増えてきた印象。例によって数多くのオプション品が装着されているが、このレーシングイエローはメタリックではないのでチョイスする際のエクストラコストはゼロ。

　緊張の動き出し。「右ハンドルのオートマ」ということで、運転自体の慣れはイージー。シートに腰を落とし、ステアリングを調整すると、初めて乗ったとは思えないくらいにしっくりとドライビングポジションが決まった。

　Dレンジをセレクトし、そろそろとスタート。相変わらずPDKの動き出しの滑らかさ、制御の上手さはDCTの中でも一級品。また991からついに電動化されたパワーステアリングも、これが油圧でないとは信じ難いほどにナチュラルで違和感がなく、路面を素手で掴み、触りながら走っているようなインフォメーション性の高さを実感できる。あぁ、手のひらが喜んでいる！（これ、ガンさんの教えが忠実に遺伝している証しなり）

　足元は20インチのピレリ P-ZERO。この車両はサーキット走行も経験しているためか、見る限り決してタイヤのコンディションは良好ではなかったものの、そんな状況を微塵も感じさせないこの完成度。そういえば、ボディ剛性のガッチリとした堅牢感も、ただコンビニから出る歩道の段差を乗り越えるだけでも気持ちがよく、本当の新車でベストなコンディションの911はいったいどのようなレベルなのか……と考えると目の前がクラクラしてくる。

911 Carrera S

　少し慣れてきたところで、高速自動車道に乗ってスポーツモードへ。ブリッピングを決めて2速へシフトダウン、アクセルをポンと踏み込むとRRらしくリアに荷重が乗り、抜群のトラクション性能を見せながら猛然と加速、スポーツエキゾースト非装着ながら命の滾りを伝えるようなサウンドを8000rpmまで響かせ、アクセルON・OFFの応答性の俊敏さもパーフェクトに近い。前が迫ってきたところでブレーキ……。　ノーズダイブが少ない理想的な減速姿勢、ホイールベースが伸びた影響もあり横Gがかかった状況でのブレーキングでもリアの安定性は全く失われることなく、足の裏の力加減に見事に呼応する驚嘆するレベルのブレーキタッチの良さ……。

　ただ自動車を停める、速度を殺すというだけの行為をここまで感じさせてくれるのは、やはりポルシェならばこそ。　GTカーらしさが強まりすぎた印象が大きい…そう伝えられる昨今の911だが、同じタイミングでマカンやパナメーラなどの最新ポルシェと乗り比べると、快適性や静粛性ではいい意味しっかりと差があり、キチンとスポーツカーしている点に気付けたのもの収穫。決して911がコンフォートに振ったわけではなく、絶対的な自動車として、ポルシェエンジニアリングが進歩している中での発展であり、911自体の位置付けは列記としたスポーツカー。セダン代わりにかっこ良い快適なクーペとして911を選ぶ…なんてのは全く相応しくない、やっぱり気持ちの良いスポーツカーとして911はあこがれの存在であるという再認識ができた。

　共通部品が多くを占め、スタイリングもむしろかっこいいし、どうせリアシートもいらないし、おまけにオープンにもなるし、何よりも価格がほぼ半値！買うなら絶対ボクスターのほうがいいね！…などと散々ほざいていたのに、いざ乗ってみると、やはりこれはモノが違うし、たまらなくいい。うーん欲しい…と、すっかり911病に侵されてしまったようだ。うーん、996後期のカレラ4Sティプトロなら400万円くらい……。なんとかなるかもしれないな…と中古車情報誌を見て妄想を続けながら、「いつかはポルシェ！」を合言葉に、また難儀な日々を乗り越えていく気持ちを新にした。黄色に輝く天使との爽快なひとときであった。

911 Carrera S　偏愛インプレッション　イワタカズマ

Cayman GT4

● PORSCHE からのメッセージ①

　ニューケイマン GT4 には、911 カレラ S から流用された最高出力 385PS（283kW）を発生する 3.8 リッターエンジンが搭載されています。低い位置に設けたフロントスポイラーによって一新されたフロントエンド、エンジンフード前方に追加されたエアアウトレット、およびリアウイングによって、前後のアクスルの双方にダウンフォースを発生させる唯一のケイマンとなっています。30mm 車高を下げたシャシーと大径のブレーキシステムは、911 GT3 から流用されたコンポーネントによってモータースポーツにも対応できるスペックとなっています。

● PORSCHE からのメッセージ②

　ケイマン GT4 のインテリアは、ドライバーと同乗者が純粋なドライビングプレジャーを体験できるように設計されています。レザーとアルカンターラを組み合わせたトリムによるスポーツシートは、卓越したサイドサポートを発揮、また新しい GT4 スポーツステアリングホイールは、小径ながらも理想的なコントロールとダイレクトなフィードバックを約束します。

● PORSCHE からのメッセージ③

　ポルシェの GT スポーツカーには、日常における走行でもサーキット走行でも最も情熱的な融合すなわち、ポルシェのスポーツ性の核となるインテリジェントパフォーマンスが具現化されています。ポルシェ スポーツカーのハイパフォーマンスモデルのオーナー 5 人のうち 4 人が、サーキット走行を楽しんでいます。

中谷インプレッション

nakaya impression

　ケイマンはもともとミッドシップ。完全バランスなので、ものすごく乗りやすい。そのためだろう、体感的な速さがあまりない。完成度の高いミッドシップとはそういうもので、その意味では予想通りだった。

　車体はフロント周りが911と同様、重量配分はリアのほうが多く、馬力が少ない（GT3対比）。そのため、シャシー性能がパワーを上回っているので乗りやすい。

　ラップタイムが1分59秒程度で911 GT3 RSより6秒程度遅い。最高速が手元計測で256km、5～6kmほどGT3より遅いが、体感的には15km/h程度、遅く感じてしまう。エンジンの回転フィールもGT3と違いトルクで走る直噴エンジン的な感じだ。

　カレラSと同じエンジンと言われるが、カレラSのほうがパワフルに感じた。要はシャシー性能が上がりすぎているということだ。パワーをかけても何も起こらない。富士のAコーナーから100Rの難しいところでも何も起こらず、綺麗なライントレースをしていく。

　GT4のウイングの効果はどうだったか？　と関係者に問われたが、それが分かるようでは駄目だと思う、と答えてしまった。ウイングは後ろについているから、後ろをおさえると考えがちだが、そうではなく重心にかかってきている。重心を抑えているからクルマが重くなったような感じを受ける。逆に後ろがおさえられているように感じるのであれば、それはバランスが悪いということになる。

中谷インプレッション
nakaya impression

Cayman GTS

いま、ケイマンの GTS に乗っている……。
すでに GT4 というさらにホットなモデルも登場しているものの、今のところ日本で買えるもっとも上級なモデルがこの GTS になる。
右ハンドルの 6MT。1 速の横左前プッシュでリバースに入る昔ながらのポルシェパターン。おお、GTS でもアイドルストップが装着されている！ PDK の場合は状況によって発進時以外に再始動する場合もあるが、MT の場合、アイドルストップ後にギアを入れてしまえばその状態が維持される。

ケイマンはミッドシップなので座席後ろ側のスペースがほとんどなく、シートバックはある程度の調整幅はあるのだが大きくリクライニングしたりはできない。911 はリアシートにある程度スペースがあり使い方次第で結構便利だったりするのに、ケイマンはエンジン後部の小さめのトランクとフロント部は 911 と同等の 2 か所に収納スペースがあるレイアウトになっている。

インパネはダッシュボードにステッチが入っていてバックスキン・アルカンターラの質感なども高くていい雰囲気。

911 よりひと回りスポーティな雰囲気に仕上がっていると思う。センターコンソールに羅列されたモード変更や ESP などのスイッチなどは 911 とほとんど同じである。

ホンモノのミッドシップの動きが好ましい

肝心の走りの方はどうか。一般道では普通に走れるのはもちろんのこと、サーキットに行って攻めてみると、RR の 911 とはまた違った、ビシッと安定した本格的な走りを披露してくれるし、FF をベースとした重心の高い横置きエンジンのレイアウトだけのミッドシップなクルマとは違い、ケイマンやボクスターは低重心のフラット 6 が縦置きに搭載されていて "ホンモノ" のミッドシップの動きをしてくれる。そこがたまらなく好ましい。

リアシートがないという実用性の部分を納得できれば、とても魅力的なスポーツカーだと思う。ただポルシェのなかでのヒエラルキーとしては、あくまでも911が頂点でその下にケイマン、ボクスター……となっている。が、サーキットなどで走っても同一格モデル、同じエンジン同士でも必ず911の方がちょっと速い、という設定になっている。また911にはAWDやターボがあるけれども、ケイマンやボクスターにはない……というのも、そのヒエラルキーを守るが故のポルシェの戦略と言えるだろう。

GTSのエンジンの印象は高回転まで回るNAエンジンらしく、排気音も相当につくり込まれている。かなり迫力あるサウンドだ。ボクスターに比べると屋根がある分ボディ剛性感はものすごく高く、GTSはバネレートも相当に固めてあるが、段差を乗り越える際のNVHの処理などは上手く抑え込まれている。

試乗してみて気づいたことだが、このクルマは右ハンドルのMTで若干オフセットはしているものの、991よりはペダルレイアウトが自然で、アルミ製のオルガンペダルで雨の中でもヒール&トゥがとてもしやすい。もっとも、左ハンドルでは足元にさらに余裕があってベストなペダルレイアウトであるというのは他のポルシェと同じ。ステアリングレイアウトは、わたしの乗っている古い964などはチルトもテレスコピックもなかったが、今では当然のように装着されており、このモデルでは電動で細かい調整ができるので、ベストなポジションにうまく設定できる。

GTSというグレードはカイエンにも911にも設定されていて、価格はそれなりに高価にはなるが、GT3などとは別にして、NAのベースモデルの中では、やることはとにかく盛り込んでやり尽くしたモデルといえようか。

「GTS」マジックに酔う

偏愛インプレッション　仁川一悟

　ケイマン GTS に乗り込み少し走ると、ボクスターオーナーであるわたしはますます混乱していた。なにが違うのか!? この答えを探しに箱根を目指すことにした。

　まず今回の試乗車について最初に確認しておきたい。2015 年モデルのケイマン GTS、ボディーは真っ赤なガーズレッドで右ハンドルの 6MT である。エンジンは 3.4ℓ、340 馬力というスペックだ。また主な走行オプションは、20 インチカレラクラシックデザインホイール (19 万 5000 円)・スポーツシャシー (無償オプション) が装着されている。

　そして、わたしのマイカーは 2015 年モデルのボクスター。右ハンドルの 6MT、走行オプションはスポーツシャシーと PTV が装着されている。オープンとクローズ、エンジンのパワー、ホイール、PTV の有無が違いになる。オーナー目線の細かい感想とオプションの差異をお楽しみいただければと思う。

　ケイマン GTS に乗り込み、最初に気が付いたのは、アダプティブスポーツシート・プラスに付帯する電動のステアリング調整機構だった。ケイマン・ボクスターの場合は、スポーツシート・プラスまたはアダプティブスポーツシート・プラスを装着する必要があり、どちらも高額のオプションになる。わたしは電動ステアリング調整機構がついている個体に初めて会った。シートの高さ調整も電動なのだが、こちらは若干のネガティブな面が出た。標準の手動式シートに比べてシートが下がらない。これは電動機構がスペースをとってしまっているためだろう。結局いつも乗っている愛車ボクスターと全く同じポジションにすることはできなかった。

　箱根を目指そうとすると、早速首都高渋滞に阻まれてしまった。そしてその直後、さっそくチョイ乗りでは気が付かなかった差異に気づく。左足が痛い……。これは GTS のクラッチは重いため、長く乗ることで気づいた点だ。ちょっと乗っただけではわからない。踏み込むより反発が強い感触が出てくる。高出力になるのであれば、必要なモデファイだろう。他にも、シフトフィーリングが我が愛車より良い (特に 1 速⇒ 2 速) もあったのだが、これは刻んでいるマイレージが倍というのが原因だろうか。もしそうなのであれば非常に楽しみである。若干引っかかりを感じるようなシフトフィールなのだが、GTS のそれは「吸い込まれる」という表現が適切だ。

　ケイマンとボクスター、長らくボクスターのほうが安い状態が続いている (2015 年モデルより逆転)。価格もオープンカーに必須のウィンドディフレクターを装着するとほぼ価格差はなくなる。価格が逆転したのは、ポルシェ社の長期戦略から、モデルラインナップの整理が入るためと聞いている。ボクスターはもう少し高くなり、ケイマンはもう少し安く設置される入門モデルになるようだが、普通に考えればボクスターの製造コストのほうがはるかに高いはずで納得できる。オープンのために高価な骨格構造が必要となるのだが、それは 911 のカブリオレと通常モデルの価格差を考えればバーゲンといえるだろう。

　そのあたりのお得感もさることながら、素のケイマン PDK に試乗したとき、ステアリングのバランスがちょっと悪く感じた経験がある。とにかくリアがどっしり安定で、軽快感がない。ボディー剛性が非常に高いのはわかるのだが、とにかくシャシーが速すぎてエンジンが遅すぎると言ったらわかってもらえるだろうか。もしかしたら PDK の重量もあるかもしれないが……。

　しかした。今回のケイマン GTS はその安定感の上に速いエンジンが乗ることでバランスが取れていた。むしろこれだけパワーがあるクルマは、これぐらいシャシーが安定してないと怖いという状況だった。そういう意味ではシャシーにエンジンが追いつき、魅力倍増といった感じだろう。わたしの素のボクスターと比べると、脚の硬さ自体はそれほど大差があるとは思えないが、20 インチ低扁平タイヤを、ボクスターを上回るボディー剛性で帳消しにしている感じだ。もちろん絶対的には硬いのだが、不快な感じはしない。逆にボクスターに 20 インチ、スポーツシャシーをつけた GTS があるとすれば、バランスという視点では違った印象になるかもしれない。

Cayman GTS

■迫力満点のエンジン音とともに……

　バランスの取れたシャシーとともに、GTSのハイライトはエンジンだろう。GTS用の3.4ℓフラット6は、Sを15馬力上回り340馬力。GT4を除けばシリーズ最強である。これだけのパワーがありながら、車重は1370kg。PWレシオは4.0と一昔前のスーパーカー顔負けの速さである。高いボディー剛性を持ちながら昨今のクルマの中にあって、比較的軽量に仕上がっているのも高いパフォーマンスの理由だ。もうひとつのGTSの魅力はエンジン音。標準で装備されるスポーツエキゾーストボタンを押すと、音量のUPとともに、アクセルオフ時の炸裂音が室内に充満する。スポーツカーとしてかなり迫力のある音である。日本のスポーツカーにはない世界だ。意外かもしれないが、ケイマンのエンジン音はかなりの音量がドライバーにまで届く。エンジンが室内にある構造というのも大きいだろう。クローズド状態のボクスターよりかなり音量がある。これもまた魅力だ。

■悪天候の中で冴える、先進のヘッドライト

　今回は生憎の天気での試乗だったが、逆に効果が非常に良くわかったのが、GTSに標準装備されるPDLS（ポルシェ・ダイナミック・ライトシステム）だ。ハイビームでも視界が遮られる中で、ハンドルの舵角にあわせ照射先が右に左に忙しく動いている。これは明確に『安全』に寄与している。舵角に合わせ照射角度をかえるシステムは他車でも採用されているが、ここまでダイナミックに動いているのは少ないのではないだろうか。

■GTSの立ち位置をどう見るのか。

　911を始めとして、ほぼすべてのラインナップに存在するGTSグレード（執筆時点で存在しないのはマカンのみだが、これも近いうちに登場か）。見方によっては中途半端と見る向きもあるだろうが、個人の感想としては「理想的」だと感じた。この試乗の2週間ほど前にはGT3を試乗したが、GT3はとことん速さにこだわったモデルのため、日常利用で犠牲がないと言うにはちょっと難しい。反面、GTSは日常性とパフォーマンスの両立をはかっているので、メカニカルノイズ等もよく抑えられており、日常使用もストレスがない。迫力のエキゾーストもボタンひとつで静かになるし、快適装備も付いており、最近のクルマに必須のアイドリングストップも付いている（MTのアイドリングストップはクラッチ連動なので非常に出来がいい）。そういう意味では理想のスポーツカーだ。これでサーキットを走ればかなり速いのだから、文句のつけようがない。

　街中の買い物から、ワインディング、サーキットまで。これが我々のほしい日常的に使えるスポーツカーではないだろうか。燃費も楽しく走った区間もあり、高速の比率が多いとはいえ、リッター約9km。パフォーマンスを考えれば上出来だ。これが新車保証付きで買えるポルシェはすばらしい。日本車がこのレベルの商品を出す日は……はたしてやってくるのだろうか。割り切りも含めて、開発陣の提案力に気持ちよく拍手を送りたい。

「走り快楽」白い天使

溺愛インプレッション　仁川一悟

ボクスターをなぜ買ったのか？

　このインプレッションを担当したとき、少し戸惑っていた。なんと言っても自分で買ってしまったクルマだ。逆に言えばこれほど正直なインプレッションも少ないだろう。さてどこから記載しようか……。

　ボクスターとの出会いは、ずっと遡り2010年のことだったと思う。どうしてもポルシェに乗ってみたくて、レンタカーで借りたのが987型ボクスター。程度は過走行でお世辞にも良いとはいえないものだったが、ポルシェのバランスの良さは十分に堪能できた。高回転になるにつれてドラマチックに噴け上がるスポーツエンジン、よく躾けられたシャシーにサスペンション。乗り心地もよく、気軽にあけられる幌。ドライブが楽しく、いつの間にか伊豆半島の先までノンストップでドライブしていた。いつかはポルシェを買いたい！そう想うに十分な初体験。それから月日が経ち、不慮のアクシデントで愛車を失った時にあの想い出が蘇ってきた。記憶をたどる限り過去に「欲しい」と思った唯一のクルマは4年前に乗ったあのボクスターでした。

　いろいろ考えた上で、結局わたしは新車のボクスターを発注することに。時は流れ、ボクスターもモデルチェンジで981型になっていました。987型を再度レンタカーで借りドライブしたのですが、981型を試乗した途端にノックアウト！ボディー剛性が格段に上がり、内装の質感も大幅にグレードアップ。何よりリアビューが端正なデザインになり、まさにスポーツカーはこうでなくては！と思ったのが何よりもの理由だった。

　わざわざ本国にオーダー車を発注したのは、仕様に拘りたかったから。まず日常でも使いたいので右ハンドル。ミッションはもちろんＭＴ、エンジンは大きくなくて良いが、足回りはスポーツに振った仕様にしたくスポーツシャシー（スポーツサスペンションとスタビライザー）とPTV（機械式LSDとトルクベクタリング）をセットで選択。987型に比べるとパワーも大幅に上がり2.7ℓのフラット6から265馬力を発生するエンジンは、直噴化されアイドリングストップも装備する「現代」のスポーツカーとなっていた。発注から半年後、ドイツからはるばるやってきたのが、スポーツシャシーで2cmローダウンされたモデルイヤー2015年式の私の愛車ボクスター。そして気が付けば今回のインプレッション対象車両となっていた。

Boxster

　届いたボクスターはまさにわたしの想像通りのクルマだった。国産のスポーツカーに乗っていた時には、あちこち不満が出るたびにチューニングパーツを投入し、最後はもはや手が入っていない箇所が無いくらいチューニングが進んでおり、冷静になって考えれば費やした金額はもはやおそろしい金額に。とにかく、『完璧に出来上がった』クルマが欲しい！これが、わたしがポルシェに求めたものだった。

　スムーズかつドラマチックに噴き上がるフラット6は、高回転になればなるほど粒が揃った音で吼え、速さも十分だ。むしろどこからでもトルクフルなエンジンは、一般道を走る上では数値以上の満足感。ただ純正の足回りはちょっと攻め込んだ時に柔らかい。またPASMはダンパーしか硬くならない構造のため、バネとのマッチングでどうしてもどちらかのモードで偏りが生じると感じていたため、最初からスポーツシャシーを選択。ちょっとハードな乗り心地になるものの、不快さはまったくないすばらしいセットアップだ。自分で作り出すには労力も費用も膨大。結果的にボクスターは『安い』と思ったほどだった。

　峠にステージを移していくと、さらに魅力が増していくのがボクスター。PTVの効果もありブレーキング時のリアの安定感は抜群。安心してコーナーに侵入していくと、ブレーキもモノブロックブレンボキャリパー＆ドリルドブレーキローターが面白いようにスピードを削っていく。このぐらいが限界かな……と思ったところからさらにブレーキが効いていく。思ったようにクルマが動く！　楽しい！　締め上げられたスポーツシャシーがステアリング操作にリニアに反応して旋回姿勢に入っていくと、ミッドシップレイアウトがリアタイヤに十分な荷重をかけていく。そこからアクセルを踏み込んでいくと、強力なトラクションでクルマが前に進んでいく。後ろから蹴飛ばされる感覚！　これはフロントエンジンでは味わえない独特なフィーリングだ。そこからさらに踏み込んでいくとフロントの荷重が抜けて外側へ逃げそうな速度でも、ステアリング角度に忠実にどんどん曲がっていく。若干リアが旋回しているような感触が出始める。

　いよいよPTVが最大限効果を発揮しはじめたところだろうか。かなりの旋回Gが体を襲いはじめ、エンジンは雄叫びをあげている。もちろんルーフはオープン、エンジン音もオープンエアーも合わさって強烈に五感を刺激する。クルマの挙動すべてがこれ以上無い！　文句のつけどころがない完璧なセットアップ。この作りこみがポルシェなのだ！　ここまですばらしい走りをしているが、タイヤは極端なスポーツタイヤではない。タイヤの性能を使い切るということはこうなることなのか。あらためてセットアップの奥深さを痛感する。

　ボクスターのすばらしいところは、運転の楽しさをストレートに伝えてくるクルマということだ。それは何も高いドライビングスキルが求められるものではなく、自分が思ったとおりにクルマが動くという極々シンプルなものからもたらされている。それは、交差点を曲がるといった日常のドライブでもドライビングプレジャーに溢れている。

　確かに日常的な実用性が高いかと聞かれれば、交通移動の利便性を追求したクルマにはかなわない。ボクスターは非日常性が大事なクルマだ。見た目の美しさ、エンジンのサウンド、オープンエアー、ドライビングプレジャーに溢れた運転の楽しさ！　ポルシェのすばらしさが濃縮された1台が、ボクスターだ。最近ここまでストレートに運転の楽しさを伝えてくるクルマは少なくなってきている。もし、気になるのであれば是非乗ってみることをお勧めしたい。

911系「第4の顔」

偏愛インプレッション　イワタカズマ

祝！2015年のル・マン制覇　なぜかパナメーラに乾杯！

　ユノディエールのストレートに4ローターサウンドを響かせて787Bが制覇してからもう四半世紀。いまやル・マンはディーゼルやハイブリッドが全盛期。2015年ル・マン制覇記念？ということで、ポルシェパナメーラS E-Hybridのレポートをお届けしよう。

　2009年に登場した4ドアフル4シーターのパナメーラはFR駆動で、911系・ボクスター系・カイエン系に続く第4の顔を持つポルシェ。その911を無理やり伸ばしたかのようなスタイリングには当初賛否があったものの、セールス的にはこれまた中国市場で大ウケ、着実なヒットを飛ばし2013年のビックマイナーチェンジでは、かの国が大好きなロングホイールベース仕様まで登場した。いわゆるショーファードリブン的ポジションでありながら、ドライバーズカーでの主張を忘れることのないクルマ。しいて直接のライバルを挙げるならば、マセラティクワトロポルテあたりだろうか。

　そんなビックマイナー時に追加されたのがこのS E-Hybrid。従来型でもハイブリッドは用意されていたが、この時は電池もニッケル水素でいわゆるマイルドハイブリッド的扱いだったが、新型はリチウム電池に変更し、容量を一気に増大、外部充電機能も追加しEV走行距離をグッと拡大したプラグインハイブリッドへと飛躍的に進化した。

　このパナメーラS E-Hybridのスペックは3.0ℓ V6エンジン＋スーパーチャージャーに、モーターとクラッチを内蔵したPDKではなく…トルコン式8速ティプトロニックの組み合わせ。

　リチウム電池の容量は9.2kw/hでサプライヤーは韓国サムスン、搭載位置はリアのオーバーハング上か！なるほど、これはまるで911のRRエンジンと同じ場所ではないか。と喜びそうなところだが、実際はガソリン車と同等レベルのタンクとラゲッジスペースを確保するにはここに設置せざるを得なかったというのが本音のよう。

　充電は車体左側後部で行い、100／200Vのみで急速充電（CHAdeMO）には非対応。因みにほかのポルシェは大抵キャリパーがホイールベース側に装着され、少しでもオーバーハング側の慣性重量を減らそうという意図が感じられるのに、パナメーラのキャリパーは全くその逆なのだ。

Panamera S E-Hybrid

　ドライバーズシートに腰を落とすと、そのボディの大きさに圧倒される。実際のサイズも相当なもので、いわゆるポルシェらしい丸みを帯びたボディラインが、車両感覚をさらに狂わせる。しかしドライビングポジションは広々というよりはタイト目で、車両の思いっきり端に座らされているような印象、センターコンソールの幅と助手席の遠さに慣れが必要なようだ。因みにリアシートにも移ってみたが、なかなかの閉鎖感があり、やはりこのパナメーラでも、もっとも座りたくなるのはドライバーズシートのようだ。

　目の前に広がるメーター類やステアリング、スイッチ類は完全にポルシェワールド。メーター針の色が黄緑で配置される。左側にエネルギーフローメーターが整う針のスピードメータはなし、デジタル表示のみで、これがハイブリッドの証。右側のインフォメーションモニターの表示が全てカタカナ表記なのが、少し古さを感じさせる。

　キーを ON、シフトレバーを D にしてソロソロと進み始める。バッテリー残量がまだあるので当然 EV 走行、プリウスやリーフなどでも散々味わってきている領域だから、いまさらに目新しさはない。その上、運転しているのは紛れもなくポルシェの味なのに、この無音で巨体が動いていく異次元フィーリング。これには違和感を覚えた。

　アクセルをグッと踏み込むと、結構あっけなくエンジンが始動。プラグインとはいえ、通常のハイブリッドモードではこの 2t を遥かに超える巨体を動かすには電気だけの力ではやや物足りない。E パワーモードで強制的に EV 走行も可能だが、その場合バッテリー容量は減る一方。むしろ高速では E チャージモードを利用してバッテリーを温存して、場合によってはエンジン OFF で慣性 EV 走行。インターを下りたら貯めておいた電力で……なんて使い方が浮かんでくる。PHV といえども、レンジエクステンダーのような扱いではなく、こちらはあくまでエンジンが本流。グッと踏み込めば即座に V6SC の怒涛の加速が味わえてしまう。ただし PDK ではなく通常のトルコン AT なので、加速感が少し穏やかなのがむしろパナメーラのキャラクターに合っているかもしれない。

　唯一違うのがブレーキ。ここはやはりポルシェということで、ハードルが上がってしまうポイント。通常の基準であれば、回生ブレーキの切替わり時のフィールも十分に上手く煮詰められたものと言えるだろうが、ポルシェの基準でみると少し物足りない。踏み始めから圧倒され感銘を受けるブレーキフィールは、このパナメーラでは影をひそめている。

　そもそものパナメーラの存在ポジションと、それに組み合わされるハイブリッドシステムという点では、いわゆるスポーツカーとしてのポルシェという主幹からは、ある意味カイエンやマカンよりも少し遠く感じられたというのが正直なところ。メカニズムの巧みさと、それら動力源でこの巨体を動かしているところの矛盾も少し感じてしまう。しかしそれはポルシェも当然意図した上でのもので想定内だろう。ハイブリッドとしてのコンフォート性能を目指したこのパナメーラをパイロットモデルにそのデータ収集にいそしみ、熟成を重ねた上で、第 2 世代そして 918 スパイダーといったスーパーカーで性能を確認した後に、本命となる "911 ハイブリッド" が登場する時、ポルシェが見出す HV の本気の脅威と実力を、われわれは思い知ることになる……その未来は決して、そう遠いものではないような気がしてしまう。

Panamera S E-Hybrid　偏愛インプレッション　イワタカズマ

「ファーストPORSCHE」としてのマカン

偏愛インプレッション　仁川一悟

向かって右からイワタカズマ、下邑真樹、仁川一悟、
そして「ベストモータリング同窓会」主宰の正岡貞雄

　直近で納車待ちが続いている、ポルシェマカン。なかでもマカンSは、1番人気のモデルで長い納車待ちと聞く。
　ポルシェ製V6　3ℓターボエンジンを積むマカンSは、アウディと共通の直4を積むマカンより100万円ほど高いが、標準装備が増えた納得の一台。今回同行したメンバーも気になる一台だが、果たして？
　マカンSに乗り換え、ドラポジをあわせる。前回試乗したマカンターボと比べて、あれ？と思う。ちょっと乗って、またあれ？と思う。ターボで感じた感動がないのである。いったい何が原因なのか。マカンSを乗り続けて探してみる。
　さきに試乗したマカンターボは3.6ℓ 400馬力、今回のマカンは3ℓ 340馬力。約60馬力の差はあるが、実際にはそれ以上の差が感じられたのも事実。
　マカンSが決して遅いわけではないが、ターボを味わってしまうと特にトルクの差が明確に感じられる。高速走行では、Sは加速の際にキックダウンが行われるのに対して、ターボはそのまま持っていく力強さがある。また全開時の炸裂感も当然ターボ車が上である。
　この余裕の差が300万円！といわれると、現実的にはSを選択してしまいそうだが、余裕という名の高級感はターボに圧倒される。そうはいっても街中では正直、差が感じられなかったので、街乗りが基本となるならSで十分だろう。
　マカンSについて、最後まで不満が残ったのが足回りである。ターボにあった、あの魔法の絨毯がないのである。
　SはSUVとしてよくできた足回りで、何か不満があるかといわれると「特にない」と答えてしまいそうだが、エアサスが装備されたターボと比べると、まるで別物である。ターボのフットワークは、目線が高いスポーツカーの域にあり、登場当初のプレス写真にあった、「SUVなのにパワーリフトしている画像」にも納得という出来であった。SUVであることを完全に忘れさせてくれるものであり、足回りの路面追従性、ロールマナーもすばらしい。高速道路でも足回りはスポーティによく動き、フラットライド感が非常に強かった。それに比べると、今回のSは普通の足回りと思えてしまった。
　幸いなことに、どのグレードでもオプションでエアサスの選択は可能になっている模様。ぜひ、エアサスの装着を薦めたい。

Macan

　今回試乗したマカンSもまた、新しいポルシェユーザーを開拓するすばらしいプロダクトであると感じてしまう。カイエンのターゲットは、「911を所有するユーザーはサブにSUVを持っている」と北米市場を狙ったフレーズで知られているが、このマカンはある意味ファーストポルシェとしての間口の広さを持っている。事実、マカンの顧客は始めてのポルシェとなる向きも多いようで、この中に未来の911オーナーが多数含まれるに違いない。

　試乗直後に、マカンからマイカーのメルセデスに乗り換えると、ブレーキの効きが悪い！と感じてしまった。マカンも立派なポルシェ一族であることは間違いない、と納得した瞬間であった。

Macan　偏愛インプレッション　仁川一悟

中谷インプレッション
nakaya impression

Macan Turbo

ポルシェ一族きっての注目株

マカンのターボに注目している。この上にカイエンがあり、それよりもひと回りコンパクトで、さらにスポーティさを増しているということだった。そう聞くともっとコンパクトなイメージをもたれるかもしれないが、実際にはボディサイズはカイエンとさほど差はなくて、全幅などはかなりボリュームのあるクルマだった。4WD、PDKを装備、さらにターボということで、ほとんどポルシェの持っている技術が織り込まれている。デビュー当時よりもクルマの作り込みが良くなったのか、NVHや乗り心地、ダンパーの動きなんかも滑らかになっていて、遮音性も向上していてこのクルマではエアコンのファンの音が耳に届くくらい。

おそらくこのマカンに乗っていれば日本でいけないところはない……とくに悪路を走るというわけではなくとも、近頃のこの国では大雨による冠水等がよくあるので、わたしでも普段は地上高のあるSUVを足にしたいと思っているほど。そういう意味ではこのマカンはポルシェのパフォーマンスを持ちながらSUVのキャラクターを持ち合わせているので、すこぶる魅力的。

マカンは実際のオフロード性能も非常に高くて、単純にトラクション性能だけでなく、悪路脱出時の4輪制御やヒルディセンド制御もとても良くできている。
このクルマのダッシュボードやセンターコンソールは、パナメーラやカイエンなどと同様な仕立てになっているが、わたしはあまり好きではない。様々なスイッチ類がズラッと羅列されているが、例えば走行関連の制御スイッチなどが左ハンドルベースになっていて、この個体（右ハンドル）だと運転席の反対側のままになっていたり、国内仕様のナビゲーションモニターの位置が低すぎたり、そういった細かい点の不満がある……しかし走り出してしまえば好きになってしまうという、ポルシェのクルマつくりにはまってしまう。

相当なロープロファイルタイヤ（21インチ）を履いているにもかかわらず、乗り心地がすこぶる優れていて、試乗中の路面は荒れていてロードノイズが目立つ場所なのに、スムーズで乗り心地もよく滑らかに通過していく。
PDKの変速ショックの少なさ、スムーズさも他のポルシェと同様にいい。アイドリングストップも装着されていて経済性もよさそう。

『マカン』の名前はインドネシア語の『虎』に由来する。力強く瞬発力に優れ、軽い足取りでありながら、荒れた路面をしっかりとつかむ……。加えて進化していくポルシェのデザイン遺伝子の最新版を受け継いだ果報。その新しい世界からの誘惑にNAKAYAも染まりはじめた。

アウトバーンをオーバー 250km/h で巡航できる SUV

　ポルシェの SUV は、サーキットを走れるブレーキの容量やサスペンション設定を想定しているので、もちろん 911 と同様とまでは言わないが、そこそこに走れてしまえるというのが他の SUV とは一線を画するところだ。トップスピードは 250ｋｍ/h オーバーで、その速度でヨーロッパでも巡航して結構、安心・安定して走れてしまう。4 人乗れるポルシェという意味では魅力を感じてしまう。911 は自分だけの趣味のクルマという感じだが、マカンは家族のクルマとして全く不自由なく便利に使えて、かつ運転すればちゃんとポルシェの味を感じることができる。これだけのワイドタイヤを履いていながら、ステアリングへのキックバックや、路面のアンジュレーションに影響されることもなく、直進性もわざとらしくなくキチンとライントレースができる。自然にスムーズに操舵できるドイツ車ならではの精度の高さを感じることができてしまう。

　（中谷試乗中）ほら、また路面の舗装状況・材質が変わったが、そういった μ の変化点なんかのインフォメーションを完全に消し去ったりせず、なおかつ不快な音や振動をうまくカットし抑えたたうえでドライバーに伝えてくれる、このあたりからも物凄い距離を走り込んで、いろいろなデータをとってクルマをつくり込んだなという印象が真っ直ぐに伝わってくる……。

　確かにこれで雪道、山道……場所にとらわれることなく 1 年中どこでもポルシェに乗っていられる。この魅力……わたしも 964 を持っているが、冬、雪が降ると出かけようとは思わないので、マカンやカイエンは是非欲しい。GT3 はヴァイザッハというレーシング部門直結で開発されているが、カイエンやマカンはデュッセンハウゼンという新しい工場で、最新の品質管理の上で生産されている。是非一度、行ってみたいが、なかなかチャンスがなくて、実際にマカンを買うとすればデュッセンハウゼンの工場まで出かけ、そこで納車をしてもらうサービスがあるので、ぜひそれを体験してみたい、と願っているのだが……。

Macan Turboとの出会い

偏愛インプレッション　下邑真樹

　それが 911 であったのなら、幾分肩に力の入った試乗となったかもしれない。が、SUV であったことから、いたって自然体で向き合うことができた。
　試乗当日、ロジウムシルバーメタリックという、シルバーというよりはメタリックブルーといった趣きの綺麗なマカンがやってきた。グレードはターボ。現在ラインナップされているなかでは、マカンの最上位グレードとなる。
　まず、目を惹いたのは、オプションの 21 インチの 911 ターボデザインホイール（OP 価格 :51.9 万円）。ホイールフェチの自分としては、このデザインには一発でやられた。マカンを買うことがあれば、真っ先に選ぶであろう。

『ポルシェ流の最新 SUV』

　3.6ℓ V6 ツインターボ。1350 回転から 56.1kgm のトルクを発生し、6000 回転で 400ps まで到達するなかなか魅力的なエンジン。とはいえ、こういう事前知識は持たないで試乗することに決めているので、詳しい数値は試乗後に知ることになる。あくまで、体感重視、フィーリング重視の文系的インプレッションをモットーとしている。
　「マカンターボに乗って何が一番印象的だったか？」と言えば、最初に感じたのは『とにかく乗り心地がいい』ということ。試乗車のシートは、標準のスポーツタイプのシートから 14way のパワーシートに変更されていたが、それがまた実にシックリと来る座り心地で、柔らかいシートではすぐに腰痛を発症してしまう自分でも、これならどれだけ走っても疲れ知らずだろうと、このシートの出来の良さには実に感嘆させられた。

　また、乗り心地と同様に驚かされたのが、フラットライド感。とにかく目線が揺れない。あれだけの大口径なホイールを付けておきながら、これだけのフラットな乗り味を出してくるとは……。さすがポルシェといわざるを得ない。この感覚は、今まで乗ったどのクルマでも味わったことがない、ちょっと異次元な乗り味の良さ。エアサスペンション（OP 価格 :26.8 万円）のオプションは必須と断言できる。

『本家本元のツインクラッチ』

　DSG と呼ぶ VW 流のツインクラッチ車 (以下、DCT 搭載車) を長年愛車として乗り、

Macan Turbo

　DCTに惚れ込んでいた私は、次期車もDCT搭載車にすると決めていた。Audi流のSトロニック、BMW流のM DCT、はたまた日産GT-Rのそれも、十分過ぎるほどの試乗を繰り返してきたが、本家本元のポルシェのPDKだけは未経験だった。

　実は、マカンターボに乗り始めてしばらくは、こいつがDCT搭載車だということを知らなかった。なぜなら、シフトチェンジが驚くほどスムーズで、トルコンATと言っても差し支えないほど、極低速域から何の違和感も無かったからだ。

　それが本家本元のPDKだと気付かされたのは、高速に入ってスポーツモードにチェンジした時。アクセルだけで加速感を味わった後、80km/hぐらいからシフトダウンした。その、まさに「シフトダウンした」といった瞬間、針はブリッピングさせた回転数をビタっと指して止まった。「なんじゃこりゃぁ…」と、長年DCT搭載車に乗ってきた自分だからこそ、その電光石火ぶりに舌を巻いた。

　この感覚は、まさに今までに味わったことのないスポーツシフト。ビタっと合わせるのは「演出」なのかもしれない。しかし、そういう演出こそ、まさにスポーツカーに必要な要素だと思っている。

『ポルシェがターボと名乗らせたグレードとは』

　演出といえば、前述のトルクフルなエンジン。こいつにも相当驚かされた。電光石火のシフトダウンの後、アクセルを踏み抜いてみた。するとどうだろう、スポーツモードとなっていたマカンターボは、それまでのジェントルな表情を一瞬で豹変させ、ジェット機のような吸気音をさせながらフル加速をするではないか。再びの「なんじゃこりゃぁ」である。もはや、笑うしかないレベル。

　PDKの過剰なまでの電光石火ぶり、ひとたび鞭を入れれば、離陸するのではないかと思うほどの音と加速感。アクセルを戻せば、『ボボボッ』というアフターファイヤー音をまき散らすことさえ容易で、SUVというジャンルで語るには、あまりにも前例が無さすぎる。

　静かに走れば、日に1000km走っても疲れそうもないシートのできのよさとフラットライド感。ひとたび鞭を入れれば、その辺のスポーツカーでは太刀打ちできない性能と演出の素晴らしさ。趣味的にも満足出来て、日常的にも使えるクルマこそ、私の理想の一台だと思っていたが、それがまさかポルシェの中にあるとは夢にも思わなかった。もっと趣味性に偏っているか、逆に日常ユースを意識し過ぎて刺激がないか、そんなクルマならいくらでも知っている。しかし、マカンターボは、いつ、どんな状況であっても、満足させてくれる稀有な一台だった。

バイヤーズガイド マカンを買おう！

仁川一悟

600万円からの新車ポルシェ マカンMAP

マカンに限らず、ポルシェを買おうとすると戸惑うことがある。それはオプションの豊富さと、標準装備の少なさだろう。オプションが豊富なことは自分オリジナルのポルシェが作れる反面、一つひとつのオプション代に驚くことになる。オーダーメイドでクルマを作れるメーカーと捕らえるのがポルシェ理解の『コツ』だ。このクラスの欧州車になると、ほとんどの装備が標準というのが日本のインポーターの戦略だから、本体価格が高くなっている傾向があるともいえる。これを楽しめるか否かも、いざ『新車』を買うとなると重要だ。しかしながら、ほとんどの人には予算には限りがあり、今回700万円前後〜1000万円前後のを購入しようとしている人には、悩ましい問題だ。予算に限りが無い人には、オプション選びの参考に、ほとんどの方には買い方を記載したい。

マカンには、エンジンの大きさによって基本的に3グレード、さらに新しくオンロードの運動性を高めた追加ラインナップのGTSの4グレードで展開される。GTSの立ち位置はスポーツカーを除いてちょっと特殊なので、今回デビューしたてのGTSは一旦除いて話を進めたい（逆に言えばGTSが気に入った人はGTS一択とも言える）。

まず一番安いマカンだ。お値段「639万円〜」と聞くとメルセデス・ベンツEクラスやBMW5シリーズ、SUVだとBMW X3やレクサスNX、アウディQ5など豪華メンバーが揃うが、実際に装備の差を考えるともはや『ライバルではない』。639万円のマカンは恐ろしいほど質素だ。無料で選択できるボディーカラーはブラックとホワイトのみ。カーナビは付いているが、HIDは無し。リアのウィンドウスモークも無い。したがって、そのままで購入する人はかなり少ないと思える装備になる。またマカンS・マカンターボとなると少しずつ標準装備もあがっていくので、ここもこの後悩ましい問題のひとつとなる。

では実際にマカンを標準グレードとした場合のOPを想定してみよう。まずボディーカラーから。標準はソリッドカラーのブラックホワイトのみだが、163,000円足すと8色のメタリックカラーが選べるようになる。ブルー系・シルバー系・ブラウン系・ブラックホワイトのメタリックが選択可能だ。ここは好みなので割愛するが、選ぶとしてもここまでにしたほうがいい。スペシャルカラー 430,000円もあるが（これはどんな色でもお好みのものを塗る物だ）、ここにそれだけの費用をかけるならグレードUPがお勧め。

次はホイール。これもインチアップも兼ねるため、魅力的ではあるがかなり高額OPになる。できることなら18インチまでの中から選択したい。なぜならこれもグレードが上がるとOP価格が下がるか、または標準装備になるものなのであまりお勧めしない。

また後述のサスペンションの問題もあるので、見た目以外の問題もある。

次はインテリアだ。標準はアルカンタラを基準としたシートとなる。ブラック・ベージュ・グレーの3色が選択可能だ。どれを選んでも良いが、ベージュは華やかな反面、汚れが目立ったりするので使い方も考慮したい。個人的にはグレーが好みだ。革シートも選択できるが意外なことにアルカンタラが高級感もありOPを選択したという印象も薄い。もしどうしてもレザーがいいのであれば、これもスタンダートインテリア（レザーパッケージ付き）までがいいだろう。281,000円または322,000円（ツートン）となる。シートもメモリー機能やスポーツシートなど上を見ると限りが無いが、これも標準シートとしたい。標準でもすばらしいシートだし、標準のマカンで高いサイドサポートは不要だろう。

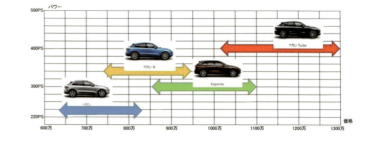

次に各種装備。まずマカンの場合はかなり横幅が大きく、また駐車時の後ろ側の視界は絶望的だ。パークアシスト＋バックカメラ 238,000 円は必須としたい。またマカンには標準装備として HID ヘッドライトが付いていない。標準だとハロゲンランプになってしまうので OP にするとポルシェ・ダイナミックライトシステム（PDLS）内蔵バイキセノンヘッドライト 283,000 円となる（これには社外品の HID を取り付ける選択肢もあるだろう）。S 以上となるとバイキセノンヘッドランプとプライバシーガラス（86,000円）が標準装備だ。フロアマット 22,000 円（意外と良心的な価格）とリアシート用エアサイドバック 67,000 円（これはなぜ標準でないのだろうか）、スモーカーパッケージ 10,000 円は装着したい。タバコは吸わないがスモーカーパッケージはポルシェ全般で選択したほうが良い。シガーソケットが増えるのと、通常小物入れになる場所に蓋が付くので便利で見た目もスマートだ。また遠くに出かける際の疲労を激減させるアダプティブクルーズコントロール 223,000 円と必要に応じてレーンキープアシストおよびレーンチェンジアシスト 212,000 円もこのクラスのクルマとしては、ありがたい装備だが、それらのオプションの価値観は分かれるところ。

最後にフットワーク関連。これも走りを激変させてしまうのがポルシェの特徴なので慎重に選びたい。まずマカンの場合は標準サスペンションでもエンジンが軽いためか非常に好印象であった。何も選ばないのも選択肢の一つとしたい。反面、試乗したマカン S の PASM ではエンジンの重さかホイールのインチアップの影響か、あまり良い印象が無かった。そしてマカンターボに装着されていたエアサスはまるで魔法の絨毯かのような乗り心地を披露してくれた。このことからマカンでもエアサスを選ぶことは検討したいところ。S 以上なら必須にしたい。逆にマカンの価格帯でエアサスが装着できるクルマは少ない。ここもポルシェらしいところではある。

ここで一度マカンの場合のお勧め OP をまとめたい。あまりオプションを選びすぎると S を超えてしまったり、また下取り価格にオプション価格は考慮されない傾向があるので、マカンを選ぶなら質素にいきたい。

ボディーカラーやホイール等はすべて標準から選択した。エクステリアではバイキセノンヘッドライト（283,000 円）とパークアシスト＋バックカメラ（238,000 円）、プライバシーガラス（86,000 円）。

インテリアではアダプティブクルーズコントロール（223,000 円）、フロアマット（22,000 円）、リアシート用エアバック（67,000 円）、スモーカーパッケージ（10,000 円）とした。これで締めてオプション 929,000 円、総額 7,319,000 円だ。オプション総額が 100 万円に近いが、上記で紹介したオプションが多数含まれていないことにお気づきだろうか。そう、これが『ポルシェ商法』だ。でもここを越えてくるとマカン S が見えてしまう。こっちはポルシェ製のＶ６ツインターボである。S を超えないあたりとなるとこのぐらいが最低ラインだろうか。ここから豪華にするのは各自でお試しいただきたい。

次に S を選択した場合のオプションを考えたいが、大きく変わるのはバイキセノンヘッドライトが標準になること（但し PDLS は付かない）と 18 インチマカン S ホイールにデザインが変わることぐらいだ。ヘッドライトを除いて（−283,000 円）、もう少し装備を豪華にしてみると、上記マカンの装備に加えてエアサス（478,000 円）、レーンキープアシストおよびレーンチェンジアシスト（212,000 円）、とするとオプション総額 1,336,000 円、車両本体（7,440,000 円）含めて 8,776,000 円となる。マカン S だとこれぐらいになってしまうのがポルシェの怖いところである。

最後はターボ。ここまで来ると既に車体本体で10,280,000円と大台を超えるが、ＰＡＳＭが標準になる関係でエアサスのオプションが268,000円に安くなる。もちろんターボだけの外装に変わったり、ターボホイールが標準になり、アダプティブスポーツシートにレザーパッケージ、アルカンタラルーフライニングまでが標準で付くが、言い換えればここまでである。最後なのでお勧めしたいオプションを一通り付けてみたのが、下記リストになる。

　ここの説明は省くが、どれも良く知られた快適性をアップさせる装備である。またこの価格帯だと他メーカーでも標準装備としてついていることも多いのではないだろうか。

　オプション総額 2,847,000円、車体本体価格とあわせ 13,127,000円となる。

　憧れのポルシェが身近に感じられるマカンだが、最高級マカンターボはやはりそれなりのお値段である。オプションの総額だけで、日本製ＳＵＶが買えるほどの金額ゆえの強烈な憧れ、ブランディングができているとも言えるだろう。さらに言えば、ポルシェ全体で年間5000台程度（2014年度）しか日本に入ってこないという希少性からの中古車価格も高値安定。10年落ちのカイエンの中古車価格を見れば、トータルではマカンが選択肢に入ってくるのではないだろうか。

　ちょっとだけ敷居は高いが、それだけの価値があることは試乗記をチェックしていただければ、既にお判りだろう。

エクステリアカラー
● サファイアブルーメタリック（163,000円）

インテリアカラー
● ブラック / ガーネットレッド (レザーシート)（42,000円）

エクステリア
● ポルシェ・ダイナミックライトシステムプラス（PDLS PLUS）（88,000円）
● サラウンドビューつきパークアシスト（フロントおよびリア）（372,000円）
● パノラマルーフシステム（292,000円）
● プライバシーガラス（86,000円）
● ルーフレール：マットアルミニウムルック仕上げ（59,000円）

トランスミッション / シャーシー
● エアサスペンション（PASM）（268,000円）

ホイール
● 20インチ RS スパイダーデザインホイール（260,000円）

インテリア
● アダプティブクルーズコントロール（223,000円）
● レーンキープアシストおよびレーンチェンジアシスト（212,000円）
● ウルトラソニック・インテリアサーベイランス（37,000円）
● 3 ゾーンエアコンディションシステム（67,000円）
● シートヒーター（フロントおよびリア）（152,000円）
● シートベンチレーション（フロント）（169,000円）
● フロアマット（22,000円）
● リアシート用エアサイドバッグ（67.000円）

● スモーカーパッケージ（10,000円）

カーボンインテリア
● カーボン・インテリアパッケージ（154,000）
● カーボン 3 本スポーク・マルチファンクションステアリングホイール（ステアリングホイールヒーター付）（104,000円）

New Cayenne

中谷インプレッション
nakaya impression

Cayenne

『時代の寵児』SUV 攻勢の火付け役

　カイエンのもっともベーシックな仕様の 2015 年モデル。ベーシックといっても基本的な装備はほとんど標準で、上級モデルとの違いは内装でいうとダッシュボードが革張りでなかったり、天井がアルカンターラでなかったりする部分くらいである。

　走った感じでは、街中でのストップ＆ゴーといった日常域でのドライバビリティなどで煮詰めが甘い、街中ではローギアードで引っ張り過ぎにより回転が上がり気味となるのは燃費的にどうなのか？といったところで少し疑問を感じてしまった。動力性能を意識したセッティングのようで、「がっつり」と飛ばす時にはそれらが噛み合っていいバランスになるのかもしれないが、ゆったりと走るには少し不向きなようで、街中ではやや走り辛い印象が残った。カイエンの中では最も安いモデルで、限られた出力・トルク特性の中でキチンとポルシェらしさを感じさせなければいけないために、このような設定になっているように思える。

　実用面でいえば、パナメーラよりリアシートは格段に広く、積載能力も高いので、ポルシェの中ではとても便利ではあるが、当然その上にはＳやターボもラインナップしていて、上位グレードになるにつれ、ポルシェらしい濃度が上がるとともに価格も上昇していくので、1000 万円付近で選ぶとなると、カイエンではこの標準モデルとなる。

最新のポルシェが最良のポルシェ

　ポルシェはどのモデルでも毎年細かな改良を加えていくので、少し目を離した隙に物凄く良くなっていたりすることが頻繁にある。それが "最新のポルシェが最良のポルシェ" といわれる所以であって、次はじゃあいつ買えばいいのか？という問題に自ずと直面するわけで、そこは昔から言われているように、欲しい時に買うのが一番良いとされる。

　その時その瞬間に欲しいと思った時がその時点での最良のポルシェでもあるので、何か人生の記念にポルシェを買いたいと思っている方は、買えるようになった時に買うのが一番……何年後に欲しいと思っていても、ポルシェは絶えず進化し続けているので、買いたい時、買えるようになったその時の最新のポルシェを買うのがいい、というわけである。

　83rd ルマンでポルシェが優勝したのを見た人は、復帰して２年で勝つなんてやはりポルシェは凄い！と思っている方が多いかもしれないが、ヴァイザッハにあるポルシェのレース部門では、毎年いつ会社の方針でレース参戦を表明されてもいいように、常に毎年のレギュレーションに合わせてマシン製作ができる準備をしている。つまり勝ちにいく体制を整えているのを、わたしは知っている。たとえばワークスとしての活動をやめたとしても、ヴァイザッハでのレースに取り組む体制は変わらない…それはフェラーリの F1 に対する姿勢と同じようなことで、メーカーとしての方針に限らずポルシェ開発センターでの進化は止まることがない。やめるとなると人も設備も体制もすべてなくしてしまう日本の自動車メーカーとは、そこが大きな違いでもあるようだ。

Technology

◆ポルシェ・ドッペルクップルング（PDK）

　先進的なデュアルクラッチトランスミッションであるポルシェ・ドッペルクップルング（PDK）については、ポルシェは発行しているそれぞれの車種ごとのカタログでも、際立って丁寧に、そして誇りを持って解説している。たとえば『The new 911』ではこうだ。(マカン、ケイマン、パナメーラでも、ほとんど同じ内容でありながら、それぞれのキャラクターにあわせて、変化をもたせて解説しているのが、印象的)

　——911カレラの各モデルに搭載される7速PDKは、マニュアルモードとオートマチックモードでのドライビングを愉しむことができます。このデュアルクラッチとトランスミッションは駆動力を途切れさせることなく瞬時にシフトチェンジを完了します。これにより、大幅な加速性能の向上と燃料消費量の低減を実現しています。

　PDKには7段のギアが組み込まれています。1速から6速まではスポーツ走行に適したギアレシオが設定されており、6速で最高速に到達します。7速は高速巡航に最適なギアレシオで、燃費性能の向上にも貢献しています。
PDKは別々のクラッチで選択される2つのギアセットをひとつのケースに統合したような構造で、2つのクラッチを備えます。

　この2つのクラッチは、2本の独立したインプットシャフトを介してトランスミッションとエンジンの間で動力を断続します。
エンジンの出力は、常にどちらかひとつのクラッチとギアセットだけを介して伝達されます。片方のクラッチがつながっている間、もうひとつのギアセットでは次に移行するギアがすでに選択可能な状態で準備されています。片方のクラッチが切れると同時に、もうひとつのクラッチがつながります。これによりシフトチェンジは100分の数秒以内に完了します。

　その結果、いっそうアクティブでダイナミックなドライビングフィールがもたらされるとともに、より優れた俊敏性を発揮します。
スポーツモードの選択の有無にかかわらず、シフトプログラムに応じて快適かつ俊敏な走行を可能にするシフトチェンジが行われます。

　オプションのスポーツクロノパッケージを装着した場合、PDKにはローンチコントロールとレーシングプログラムの2つの追加機能がそなわります。
加速性能のさらなる向上、高い快適性、そして燃料消費量の大幅な低減、PDKは正にポルシェが追求する先進性を体現しています。

◆プラグインハイブリッド

　ポルシェのハイブリッド戦略は、2010年、フロントエンジンのカイエンＳハイブリッドおよびパナメーラＳハイブリッドとともにスタートし、走行性能と燃費に関する模範的モデルとして、世界的に大きなインパクトを与えた。たとえば2011年の市場導入の1年後には、早くもカイエンＳハイブリッドの販売台数は、この市場セグメントにおける競合モデルを全て合わせた台数の2倍以上に達したほどである。
　こうしたポルシェにおけるハイブリッド駆動システムの開発は、実用性に配慮しながらパフォーマンスと効率を融合させるという、ブランド特有の明快な戦略に沿って行われている。そのレポートをポルシェは「Technology Workshop 2013」や「Model Range」でやさしく解説を展開しているので、その一部を抜粋して、参考に供したい。

　——パナメーラＳＥ・ハイブリッドと、カイエンＳＥ・ハイブリッドでは、二つの駆動ユニットがドライブトレーンに一体化され、搭載される3.0ℓＶ型6気筒エンジンの最高出力は245KW(333PS)、エレクトリックシステムは70KW(95PS)を発生する。それらを同時に作動した場合、合計の最高出力は306KW(416PS)におよぶ。パワーは効率よく路面に伝えられ、走行条件に応じて最適なパフォーマンスを発揮。またエレクトリックシステムには、リチウムイオンバッテリーによってパワーが供給される。
　専用の電源に接続すれば、バッテリーは、パナメーラＳＥ・ハイブリッドでは約2時間20分、カイエンＳＥ・ハイブリッドでは約2時間40分で充電が完了。両モデルとも、走行中は減速時に発生するエネルギーを回生して電力を蓄積する。
　革新的なリチウムイオンテクノロジーの採用によって、エネルギー容量は先代モデルのニッケル水素バッテリーに比べて大幅に増大。
　パナメーラＳＥ・ハイブリッドは9.4KWh、カイエンＳＥ・ハイブリッドでは10.8KWhのエネルギーを蓄えることができる。

　いずれのモデルとも、エレクトリックシステムとバッテリーがより大きなパワーを生み出し、市街地などではエミッションを排出することなく、かつ静粛性に優れた走りを実現。
　エレクトリックシステムが単独でパワーを発生した場合、その航続距離は走行条件に応じて約18-36kmおよび、最高速度はパナメーラＳＥ・ハイブリッドが135km/h、カイエンＳＥ・ハイブリッドは125km/hに達する。
　エンジンとエレクトリックシステム、高電圧バッテリーは、電子制御エンジン・マネージメントシステムによって精緻に連動し、必要に応じてエンジンを作動させる。

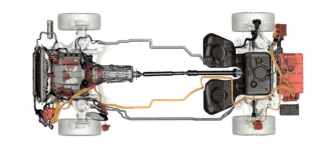

メーターパネルに組み込まれたパワーメータは、エレクトリックシステムの駆動力や回生されたエネルギーの量などを表示します。

メーターパネルのカラーディスプレイには、エネルギーフローに加え、電力の残量やエレクトリックシステムによる航続距離などの走行データを表示することが可能。

車両充電ポートにはLEDが備わり、光の点滅速度を変化させることで充電の状況を知らせます。

プラグインハイブリッドは、自動車テクノロジーの大きな進化を提示するとともに、いつに時代もさらなる革新を追求し、スポーツカーの未来を切り開くポルシェの揺るぎないコンセプトを具現化している。

——因みに、世界初のハイブリッド車もポルシェだった。フェルディナント・ポルシェが設計した1899年のローナー・ポルシェは、発電専用のエンジンによって電力を生み出し、バッテリーを充電する方式を採用したハイブリッド車であった。

◆ローンチコントロール

卓越したパフォーマンスを生み出すスポーツ・プラス、ニュー911ターボの新しい特徴としては、ポルシェ・ドッペルクップルング仕様車にスポーツ・プラス・ボタンを設けている点があげられる。このボタンを押すことにより、サーキット妥協を排した、非常にスポーティなギアシフトプログラムを選択できる。さらに、最も効率のよい発進加速が得られるローンチコントロールも使用できる。このローンチコントロールは、加速時に発生する駆動輪のスリップと、クラッチに伝達されるエンジントルクをマネージメントすることによって実現する機能だ。

ローンチコントロールを使用するには、まずセンターコンソールに配置されているスポーツ・プラス・ボタンを押し左足でブレーキペダルを踏み続けたまま、右足でアクセルペダルをキックダウンの位置まで踏み込む。こうすることでエンジン回転数は約5,000 rpmまで上昇し、(911ターボの場合) ターボチャージャーのブースト圧も0.5 bar引き上げられる。新しいメータパネルに設けられたローンチコントロール用のインジケーターが点灯した時点でブレーキペダルから足を離せば、車は最大限の発進加速性能を発揮する。

この最新鋭のトランスミッションテクノロジーは、1980年代にポルシェがモータースポーツ用として初めて開発し、シフトチェンジを瞬時に完了させ、エンジン出力の伝達を中断させないことから、加速性能を著しく向上させられる点が特徴だ。1〜6速のギアレシオはスポーツ走行用にチューニングされているため、従来よりもスポーティでダイナミックな走りが味わえる。6速走行時には最高速度に到達させることが可能。7速のギアレシオはオーバードライブに設定されていることから、燃費を抑えた低回転での走りも実現可能。また、エンジンサウンドは抑えられるため、静寂で快適な長距離ドライブを愉しむことができる。

ローンチコントロールを使用した発進作動条件：エンジンが作動温度になっていること（エンジン・オイルの温度が約45℃以上）
①左足でブレーキ・ペダルを踏んでください。
②素早くアクセル・ペダルをいっぱいに踏み込んで、そのまま保持してください。エンジン回転数が約6,500rpmに維持されます。
③マルチファンクション・ディスプレイに「ローンチコントロールが有効です」と表示されます
数秒以内にブレーキを解除してください

Technology

Mission-E

エレクトリックスポーツカーの未来

　フランクフルトモーターショーで発表されたミッションE。参戦2年目で83rdルマン24時間耐久レースをワン・ツーフィニッシュで制覇した919ハイブリッドの印象が強烈だっただけに、そのテクノロジーを継承するコンセプトカーとして注目を集めたのは当然だった。ポルシェは誇らかに宣言する。

　「ミッションEコンセプトカーは、ポルシェが造り出すエレクトリックスポーツカーの未来を示しています。4シーターの魅力的なデザインは911を彷彿とさせ、ミッションEでポルシェであることがひと目でわかります。この情熱的なデザインの4WDスポーツカーは最高出力600PSを発生し、ポルシェ特有のドライビングダイナミクスを発揮します。ミッションEの航続距離は500kmにもおよび、さらに革新的な800Vのバッテリーチャージングシステムであるポルシェ・ターボチャージングによって、充電時間はエンジン車の給油時間をわずかに超える程度の長さとなっています。高速充電ステーションを使用すると全航続距離の約80％の充電をわずか15分ほどで行うことができます。インテリアは純粋さを基調とするポルシェの例に漏れず、ディスプレイおよび操作コンセプトは直感的で、視線捕捉とジェスチャーコントロール、そして革新的な機能を備えています」

　もう一歩踏み込んだ「詳細」をトレースしよう。

駆動システム：耐久レースのテクノロジーを採用

　ミッションEの駆動システムは、完全に新しいものでありながら典型的なポルシェのすでにサーキットで実証済みというもの。加速とともにエネルギーを回生する2個の永久磁石同期モーター（PMSM）は、ル・マン24時間の覇者である919ハイブリッドが使用したものとほぼ同じ。2つのモーターは合計600PS以上を発生し、ミッションEを3.5秒以内で100km/hまで加速させ、また12秒以内で200km/hまで加速させる。

　高い効率、出力密度、均一な出力の発生。それらをポルシェ・トルク・ベクトリング（各ホイールへの自動トルク配分）を備えたオンデマンド型の4輪駆動システムがパワーを路面に伝達し、4輪操舵が希望する方向に精密でスポーティなコーナリングを可能にする。これらによってミッションEはサーキットでも卓越した走りを発揮できる車となっており、ニュルブルクリンク北コースのラップタイムは8分を切る。

実用性：便利で迅速な充電、航続距離は 500km 以上

　情熱的なスポーツ性だけでなく、ハイレベルな実用性もポルシェ車の特徴である。そのため、ミッション E は 1 回のバッテリー充電で 500km 以上を走ることができ、また急速充電では、15 分以内で航続距離を約 400km 伸ばすのに必要なエネルギーを充電することができる。ポルシェが初めて導入する最有力候補となっている革新的な 800V テクノロジーにより、現在の 400V で作動する電気自動車と比較して電圧を 2 倍にすることで、多くの利点が得られる。充電時間の短縮に加え、軽量化にもなる。それはエネルギー伝達用の銅ケーブルが細くて軽いもので十分になるからで、この革新的な「ポルシェ・ターボ・チャージング」システムに注目だ。

低重心による優れたドライビングダイナミクス

　最適な重量配分と低重心を備えた軽量コンセプトも、ポルシェのスポーツカー特有のもうひとつの特徴。最新のリチウムイオンテクノロジーをベースとしたバッテリーは、車両アンダーフロアの前後アクスル間に配置されているため、重量が前後の駆動アクスルに均等に配分され、きわめて優れたバランスが確保されている。

　同時に、重心も非常に低い位置となり、この 2 つの要因がパフォーマンスとスポーツカーのフィーリングを大幅に増大させる。ボディ全体はアルミニウム、スチール、カーボンファイバー強化樹脂などで構成されている。ミッション E のホイールは、フロントは 21 インチ、リアは 22 インチのカーボン製で、ワイドタイヤが装着される。

デザイン：ポルシェの DNA を継承する魅力的なスポーツカー

　ミッション E に与えられたのはポルシェデザインの伝統を受け継ぐエモーショナルなスポーツ性。フロントエンドの大きく切り詰められた造形は、従来どおりポルシェの流れるようなリアエンドを生み出しており、これによってこのコンセプトカーは 918 スパイダーやポルシェのレーシングカーに連なるものとなっている。

　リアデザインは典型的なスポーツカーの構造を際立たせている。無駄のないキャビンには、湾曲したリアウインドウが備わり、しかもリアに向けて内側に引き寄せられているため、クォーターにターボ車以上の彫りの深い造形をもたらす。

（ポルシェメッセージより）

Macan Turboで秩父へ！　都心から片道100kmの"小さな旅"
80歳のポルシェインプレッション

●Macan Turbo で秩父へ

レポート　正岡貞雄（ベストモータリング同窓会・主宰）

ポルシェ一族の若き人気者「Macan Turbo」と一日、好きなように走ってこいよ、という夢のようなプレゼント。ドライビングの定番『箱根』もいいが、もう一つ工夫が欲しい。そうだ、関越自動車道を使って100kmで秩父（埼玉県）という手があるじゃないか。

遠く、江戸時代。外出のままならぬ大奥や商家の女性たちが、夕日の落ちてゆく北西の山並みの向こうを、西方浄土と想いを定め、手を合わせたという。そこが山襞にかこまれた「影の国」秩父盆地。峠を越えないと入れない「秘境」でもあり、いまの時代でも34箇所のパワースポット・観音霊場があり、それを結ぶ「巡礼みち」が1番札所から結願の34番札所まで山あいを縫い、峠を越え、川を渡っているという。そんな山里・秩父までひとっ走り、おつきあいいただこうか。

関越自動車道を北上、花園IC（56.1km地点）で降り、R140（彩甲斐街道）で秩父をめざす。

4番札所、金昌寺の「慈母観音」は子育て観音とも呼ばれ、乳飲み子を見つめる観音さまの表情に惹かれた巡礼たちが、ご利益を得ようと撫でていくので「乳撫で観音」の異名もある。

満願を結ぶ、最後札所への峠道を行く巡礼ふたり連れ。

西秩父の秘境、石間（いさま）耕地の佇まいは観光ポスターにも起用されている。

69

●シンボル武甲山と 22 番札所・童子堂

　関越自動車道・花園 IC から盆地・秩父の中心市街まではほぼ 30km。R140（彩甲斐街道）は荒川をさかのぼるようにして南下し、秩父に達する。
　寄居の町を過ぎると、有料の自動車専用道路がみかん栽培北限の山里「風布（ふうぷ）」の脇を抜け、あっさりと皆野の町へつながる。その代わり、長瀞渓谷の景勝はパスすることになるのだが……。

　皆野から荒川の左岸を走る県道で長尾根丘陵沿いをさらに南下すると、秩父のシンボルの一つである武甲山と、秩父巡礼札所や石地蔵像、それに今風の秩父ハープ橋がワンセットで望める絶妙な地点に出る。それが秩父札所 22 番、華台山・童子堂の入り口である。観音堂の本尊・聖観音は、かつて秩父の子供達を天然痘の流行から救ったとして崇められ、童子堂の名がつけられたという。

　クルマ派にひとこと。秩父札所にはすべて、無料の駐車場が付設されている。

80歳のポルシェインプレッション

◉23番札所・松風山・音楽寺のあたりで

秩父観音霊場を開設した十三権者の石地蔵群

　23番札所・音楽（おんらく）寺は荒川左岸長尾根丘陵の中腹にあり、真向かいに武甲山と山裾にひろがる秩父の街並み、そして荒川の流れを見下ろす眺望のよさで知られる。
　近年はリゾート開発で自動車道がいくつものS字を描きながら尾根を越えていくようになったが、かつては斜面を縫う巡礼道だけが頼りだったという。
　境内はいつも四季の花々に彩られている。本堂の脇の鐘楼に注目。明治17年（1884年）11月1日、世界不況のあおりで当時の輸出品の花形だった生糸価が暴落、生活困難となったこの地方一帯の負債民が在地自由党員を母体としてつくられた困民党による武装蜂起事件の舞台の一つ。負債救済などを求めて、郡役所に討ち入るとき、ここの鐘を打ち鳴らして気勢をあげ、丘を駆け下りていったという。その所縁の地として供養の墓が建てられている。

130年ほど前（明治17年11月）秩父で勃発した「秩父困民党事件」の無名戦士鎮魂の墓碑

◉長尾根の丘から降りて、佐久良橋(さくら)のあたりで……

札所23番・音楽寺からは一旦、丘陵を駆け下りて、秩父名物の一つ、ハープ橋(正式には秩父公園橋)を渡って、秩父の中心街へ。まずは秩父神社の参詣から。

◉冬の花火が夜空を焦がす「秩父夜祭」

秩父のシンボル「武甲山」の御神体である男神・龍神様が、年に1度、山を下って、秩父神社の女神・妙見様と逢瀬を楽しむ祭り。それが日本三大曳山祭りの一つに数えられる「秩父夜祭」(ピークとなる例大祭は毎年12月3日)。山国の秩父盆地は熱狂に包まれる。「笠鉾」「屋台」が賑々しく街中を曳きまわされ、屋台囃子の調べが流れ、日が沈むと、冬の花火が夜空を焦がす。

秩父神社に参詣したあと、すぐ脇の小路にある名物のそば処へ。店舗は、かつてはこの盆地の地場産業として栄えた秩父銘仙の買い継ぎ出張所として建てられたもので、国の登録有形文化財に登録されていて、往時の趣きが偲ばれる。手打ちの「山くるみそば」をオーダー。

橋のたもとの小さなレストラン。その店の壁に飾られていた武甲山の姿は、近代化の名のもとにセメント原材として削り取られる前の山容だった。

掘削前の武甲山の本来の姿にめぐり違う。

『最後の1台』はMacanにするか!

正岡貞雄

　秩父からの帰り道は、長瀞の渓谷沿いに寄居へ下るルートを選んだ。大小取り混ぜて、結構なカーブが待ち受けていた。PDKで気持ちよくパンパンとシフトダウンを楽しむ。次のタイトなコーナーはフットブレーキで減速しながら、クルマの向きが変わってくれるのを待つ。体の中心がピクリとも動かない。コーナーを抜けるところでポンと+へシフトアップ。きっちり、車速と駆け出そうとする気分がシンクロしている絶妙の世界。「どうだい、気持ちいいだろ？」おお、ポルシェMacanターボの声が聴こえる。SUVがいま「時代の寵児」となった理由もこれでわかる。「人生最後の1台」探しも、もうこれで幕を閉じてもよさそうだな。秩父からいただいたお土産が、これだった。

　80歳を直前にしてポルシェを動かす。つい先頃までは考えもしなかった。スポーツカーの頂点にあるポルシェとはすっかり縁が無いものだと、随分と前から決め込み、封印していた。それだけに、こうして新世代のポルシェと身体を合わせている……その胸のときめきが、長らく凍結し、眠り続けた遠い日の記憶を叩き起こす。初めて純白のポルシェ911SCに単乗り込むと、当時のFISCOをめざして東名高速に乗り入れた35年もの昔日（つまり筆者、45歳）のことなどで……。

　1982年2月28日。その日は筆者が入校したての「日産レーシングスクール」で、その週末に行われる「富士フレッシュマンレース」へ出場する日産車ユーザーのために用意した、特別の「走行練習日」でもあった。45歳でデビューするフレッシュマンレーサーへのご祝儀代わりか、
　（そのFISCO往復を）「足慣らしにぼくのマニュアル車を、クラッチのミートタイミング、シフトワーク、ヒール＆トウなどの練習用としてぜひどうぞ」
　こう気前よく左ハンドルのMT仕様、P7のワイドタイヤ装着のポルシェ911SCを提供してくれたのは徳大寺有恒さんであった。そう言うと、ご本人はさっさと海外取材にでかけていった。
　その徳さん、帰国するなり、フェラーリ308GTSに乗り替えるからって、あっさり911SCを下取りに出してしまう。その時、よっぽど譲ってもらおうかと迷っていた。が、マンション住まいの身に空冷エンジンのポルシェは不向きと知った。駐車場での始動時にあたりを睥睨するドスのきいたエンジン音は、周囲の顰蹙を買いそうだし、アプローチの勾配は、今にもフロントバンパーをガリガリッとやりそうで、出入りに神経を使うのも、真っ平だ。
　それだけのことで、わたしの中でずっと、ポルシェは単純に禁断のクルマとなっていた。その封印が35年目に解けていく……。

ポルシェの誘惑

　そのきっかけは、「第4回ベストモータリング同窓会in岡山」への往復で、ポルシェ911カレラSをドライブした往復1200km。ステアリングを握ったのは300km程度に過ぎなかったが、アクセルを踏むと、背後で湧き上がるドラマチックなあのポルシェサウンド。かっちりとドライバーをホールドし、スポーツマインドに新鮮なエアーを送り込んでくれる駆動力。特にカレラSに馴染んできた復路は「ああ、このままいつまでも、どこまでも、ステアリングを握っていたい……」という往年の熱い想いが、あっという間に身体中に沁み渡ってしまった、多分あの瞬間だろう。

　徳大寺さんの911SCで「ポルシェ・ファーストラン」の洗礼を受けた同じ年の5月、ドイツ・シュツットガルトのポルシェ本社を訪問。ヴァイザッハのテストコースに案内されたり、944のホッケンハイム試乗会を体験したり、911タルガでロマンティック街道に遊んだりと、それなりのポルシェ漬けの濃厚な日々も体験してきた。
　そうか、ポルシェにもう一度、恋してみてもいいじゃないか。想いがポンと一歩前に出た。スポーツカーは日常性に欠けるが、そのクルマ創りを生かして進化したポルシェのSUV車ならどうなんだろう？　ともかく、まずマカンに乗ってみようじゃないか。

　早速、こちらの意図を伝えた。そして最初にやってきたのがMacan Turbo。足元に21インチ911ターボデザインホイールを奢られ、動力がカレラS並みのものが用意されていた。V6ツインターボ、乗り心地も「快適」そのもので、やむなく握らされるステアリングは、グリップがカーボン製の3本スポークという異様な世界。ところが、それが慣れてくると意外に馴染んでくるから、これもポルシェ・マジックの一つか。
　加えて、この妖しげなポルシェからの誘惑の使者は、不思議とマンションの駐車場でも、さほど目立つ存在ではなかった。始動時での「爆音」も、まわりから顰蹙を買うほどでもなく、一般道からマンション駐車場への、やや勾配のきついスロープにも気を遣う必要がないのも助かった。それならば、ワンランク下のMacan Sならもっと身近な、手の届く存在ではなかろうか。そんな想いを膨らませながら、短い秩父への日帰りの旅を終えた。
　関越自動車道を終点の練馬ICへ向かいながら、「最後の1台選び」は一つの結論に達した。秩父には、これからもっと足を運ぶことがふえるだろう。たとえば130年前、秩父事件で敗走した男たちの足取りをたどる旅や、彼らの育った山麓の耕地めぐりなどが待っている。Macan Sなら頼り甲斐のある相棒になってくれるはずだ、と。

80歳のポルシェインプレッション | 77

総額1億7500万円の「走りの化身」たち

ポルシェ一族 RS&GTSグループのプライスリスト一覧

911 GT3 RS
911 GT3
911 Turbo
911 Carrera4 GTS
911 Targa4 GTS
Cayman GT4
Cayman GTS
Cayenne GTS
Panamera GTS

2015ポルシェ試乗会 in FSW

911 GT3 RS

- ●PDK/LHD ¥25.300.000
- ●Body color ラバオレンジ ¥482.000
- ●Interior ブラック・ラバオレンジ レザー ¥551.000

Option
- ●ポルシェ・ダイナミック・ライトシステム ¥128.000
- ●フロントリストシステム ¥541.000
- ●スポーツクロノパッケージ ¥290.000
- ●ライトウェイトバッテリー
- ●スポーツバケットシート ¥0
- ●フロアマット ¥20.000

合計 ¥27.312.000

911 GT3

●PDK/LHD	¥19,129,000
●ボディ:ガーズレッド	¥0
●インテリア:ブラック	¥0
●LEDヘッドライト(PDLS付)	¥515,000
●ポルシェ・セラミック・コンポジット・ブレーキ(PCCB)	¥1,668,000
●フロアマット	¥20,000
●スポーツ・バケットシート	¥603,000
●アルミニウムペダル	¥910,00

合計　¥22,017,000

911 Turbo

- ●PDK/LHD　　　　　　　　　　　　　　　　　　¥21,280,000
- ●ボディ:アゲートグレーメタリック　　　　　　　　¥0
- ●インテリア:ガーネットレッド　　　　　　　　　　¥260,000
- ●電動可倒式ドアミラー　　　　　　　　　　　　　¥55,000
- ●ポルシェ・ダイナミックシャシー・コントロールシステム(PDCC)　¥584,000
- ●ポルシェ・セラミックコンポジット・ブレーキ(PCCB)　¥1,668,000
- ●スポーツクロノパッケージ　　　　　　　　　　　¥826,000
- ●カラークレストホイールセンターキャップ　　　　¥30,000
- ●フロアマット　　　　　　　　　　　　　　　　　¥33,000
- ●アダプティブスポーツシート・プラス　　　　　　¥184,000
- ●ホワイトメーターパネル　　　　　　　　　　　　¥107,000
- ●アルカンターラスポーツデザインステアリングホイール　¥31,000
- ●カーボン.インテリアパッケージ(PDK車/レザーインテリア)　¥296,000
- ●カーボン・センターコンソールトリム　　　　　　¥91,000

合計　¥25,445,000

911 Carrera 4 GTS

- PDK/RHD ¥18.270.000
- ボディ:ロジウムシルバーメタリック ¥214.000
- インテリア:ブラック/プラチナグレー ¥722.000
- 電動可倒式ドアミラー ¥0
- PASMスポーツシャシー ¥150.000
- 20インチカレラSホイール(ブラック) ¥0
- シートヒーター ¥76.000
- フロアマット ¥33.000
- エレクトリックコントロールスポーツシート ¥265.000
- スポーツデザインステアリングホイール ¥0

合計 ¥19.740.000

911 Targa4 GTS

●PDK/LHD	¥20,170,000
●ボディ:マホガニーメタリック	¥214,000
●インテリア:ブラック/ガーネットレッド	¥722,000
●フロアマット	¥33,000
●電動可倒式ドアミラー	¥0
●シートヒーター（フロント左右）	¥86,000
●スポーツデザインステアリングホイール	¥0

合計 ¥21,418,000

Cayman GT4

- 6MT/LHD ¥10.640.000
- ボディ:サファイアブルーメタリック ¥150.000
- インテリア:ブラック(プラチナグレーステッチ) ¥0
- フロアマット ¥20.000
- スポーツクロノパッケージ ¥290.000
- シートヒーター ¥76.000
- アダプティブスポーツシート ¥247.000
- PCCB(ポルシェ・セラミックコンポジット・ブレーキ) ¥1.329.000

合計 ¥12.752.000

Cayenne GTS

- Tip-S/RHD　　　　　　　　　　　　　　　¥13,892,727
- ボディ:カーマインレッド　　　　　　　　　¥432,981
- インテリア:サドルブラウン　アルカンターラレ　¥0
- LEDヘッドライト(PDLS+)　　　　　　　　¥252,326
- エアサスペンション　　　　　　　　　　　¥354,436
- ポルシェ・トルクベクタリング・プラス(PTVプラス)　¥270,981
- スポーツクロノパッケージ　　　　　　　　¥138,000
- フロアマット　　　　　　　　　　　　　　¥33,381
- シートヒーター（フロント)　　　　　　　¥79,526
- ガーネットレッドシートベルト　　　　　　¥84,436
- 18wayアダプティブスポーツシート　　　　¥343,636
- スポーツクロノ・パッケージデザインステアリングホイール　¥30,436

合計　¥15,913,302

Cayman GTS

●6MT/RHD	¥9,150,000
●ボディ:ガーズレッド	¥0
●インテリア:ブラック(レザーインテリア アルカンターラパッケージ)	¥0
●電動ミラー	¥55,000
●スポーツエグゾーストテールパイプ	¥98,000
●20インチ カレラクラシックデザインホイール	¥195,000
●カラークレスト　ホイールセンターキャップ	¥30,000
●GTSコミュニケーションパッケージ	¥538,000
●シートヒーター	¥76,000
●アダプティブスポーツシート・プラス	¥511,000
●スポーツシャシー	¥0
合計　¥10,653,000	

Panamera GTS

- PDK/LHD ¥17,000,000
- ボディ:ルビーレッドメタリック ¥0
- インテリア:GTSインテリア(ブラック/カーマイン) ¥456,436
- フロアマット ¥33,000
- LEDヘッドライト・ブラック(PDLSプラス) ¥451,000
- PDDC(PTV含む) ¥854,000
- 20インチRS カレラクラシックデザインホイール ¥195,000
- ボディカラー同色塗装エアベントスラット ¥274,000
- アダプティブスポーツシート(STD) ¥0
- アルカンターラスポーツデザインステアリングホイール ¥31,000

合計　¥19,359,000

and "偏愛グラフィティ"の主人公たち
(PORSCHE JAPAN Press Car Option List)

Macan Turbo

●PDK/RHD	¥9,970,000
●Body color　ロジウムシルバーメタリック	¥163,000
Interior	
●ルクソールベージュ(ナチュラルレザー)	¥273,000
Option	
●アルミック燃料タンクキャップ	¥24,000
●カーボンサイドプレート	¥111,000
●ポルシェ・ダイナミック・ライトシステム	¥88,000
●エアサスペンション(PASM)	¥268,000
●ポルシェ・トルクベクタリング・プラス(PTV Plus)	¥271,000
●スポーツクロノパッケージ	¥195,000
●21インチ911ターボデザインホイール	¥519,000
●カラークレストホイールセンターキャップ	¥30,000
●フロアマット	¥22,000
●シートヒーター(フロント)	¥70,000
●14wayパワーシートメモリーパッケージ	¥0
●カーボン3本スポーク・マルチファンクション 　ステアリングホイール(ヒーター付き)	¥104,000
●カーボン・インテリアパッケージ	¥154,000

合計　¥12,262,000

Macan S

●PDK/RHD	¥7,190,000
●Body color　ダークブルーメタリック	¥163,000
Interior	
●エスプレッソ(ナチュラルレザーインテリア)	¥800,000
Option	
●ポルシェ・アクティブ・サスペンション・マネージメント・システム(PASM)	¥210,000
●スポーツクロノパッケージ	¥195,000
●20インチRSスパイダーデザインホイール	¥454,000
●カラークレストホイールセンターキャップ	¥30,000
●フロアマット	¥22,000
●シートヒーター(フロント)	¥70,000

合計　¥9,134,000

Cayman GTS

●6MT/RHD	¥9,150,000
●Body colorガーズレッド	¥0
Interior	
●ブラック(レザーインテリア アルカンターラパッケージ)	¥0
Option	
●電動ミラー	¥55,000
●スポーツエクゾーストテールパイプ	¥98,000
●20インチカレラカレラクラシックデザインホイール	¥195,000
●カラークレストホイールセンターキャップ	¥30,000
●GTSコミュニケーションパッケージ	¥538,000
●シートヒーター	¥76,000
●アダプティブスポーツシート・プラス	¥511,000
●スポーツシャシー	¥0

合計　¥10,653,000

Cayenne

●Tip-s/RHD	¥8,590,909
●Body color　ホワイト	¥0
Interior	
●ブラック	¥0
●Option　LEDヘッドライト(PDLS+)	¥504,000
●エアサスペンション(PASM)	¥281,00
●サーボトニック	¥52,000
●スポーツクロノパッケージ	¥139,000
●カラークレストホイールセンターキャッ	¥30,000
●フロアマット	¥33,000
●シートヒーター(フロント)	¥79,000

合計　¥9,708,909

911 Carerra S

●PDK/RHD	¥15,330,000
●Body colorレーシングイエロー	¥0
Interior	
●ブラック/ルクソールベージュ（2トーンレザーインテリア）	¥722,000
Option	
●電動可倒式ドアミラー	¥55,000
●スポーツクロノパッケージ	¥290,000
●カラークレストホイールセンターキャップ	¥30,000
●シートヒーター(フロント左右)	¥86,000
●シートベンチレーション	¥193,000
●フロアマット	¥33,000
●マルチファンクションステアリングホイール	¥96,000
●エレクトリックコントロールスポーツシート	¥411,000

合計　¥17,246,000

Panamea S E-Hybrid

●Tip-s/LHD	¥15,780,000
●Body color ホワイト	¥0
Interior	
●コニャック(ナチュラルレザーインテリア)	¥906,000
Option	
●LEDヘッドライト(PDLS付)	¥361,000
●19パナメーラターボⅡ	¥260,000
●カラークレストホイールセンターキャップ	¥30,000
●アダプティブクルーズコントロール	¥400,000
●フロアマット	¥33,000
●3本スポーク・スポーツステアリングホイール(パドルシフト)	¥0
●コンフォートメモリーパッケージ(Frt)	¥261,000
●アルミニウムペダル	¥91,000

合計　¥17,322,000

	911 GT3	Cayman GTS	Cayman GT4	911 Carerra S
空気抵抗係数	0.33	0.32	0.3	0.3
エンジン型式：排気量：	水平対向6気筒4バルブ　3799 cc	水平対向6気筒4バルブ　3436 cc	水平対向6気筒4バルブ　3436 cc	水平対向6気筒4バルブ　3799 cc
最高出力	475 ps (350 kW) / 8,250 rpm	340 ps (250 kW) / 7,400rpm	385 ps (283 kW) / 7,400 rpm	400 ps (294 kW) / 7,400 rpm
最大トルク	440Nm / 6,250 rpm	380Nm /5,800 rpm	420Nm / 6,000 rpm	440Nm / 5,660 rpm
圧縮比	125 hp/ℓ (92.1 kW/ℓ)	122.5 : 1		
マックスエンジンスピード	8,800 rpm	7,800 rpm	7,500 rpm	7,500 rpm
ホイール&タイヤ	前 9.5 J x 20　265/35 ZR 20	前 8.0 J x 20　235/35 ZR 20	前 8.5 J x 20　235/35 ZR 20	前 8.5 J x 20　235/35 ZR 20
	後 12.5 J x 21 325/30 ZR 21	後 9.5 J x 20　295/35 ZR 30	後 9.5 J x 20　295/35 ZR 30	後 11 J x 20　295/30 ZR 20
車両重量：	DIN　1,420 kg	1,370 kg	1,340 kg	1,450 kg
	1,720 kg			
トランスミッション	7速PDK	7速PDK	6速MT	7速PDK
走行性能	最高速度 315 km/h	最高速度 285 km/h	最高速度 295km/h	最高速度 302km/h
	0〜100km/h 加速　3.3 秒	0〜100km/h 加速　4.6 秒		0〜100km/h 加速　3.9 秒
	0〜160km/h 加速　7.1 秒			
	0〜200km/h 加速　10.9 秒			0〜200km/h 加速　12.9 秒
	0〜400m 加速　　11.2 秒	0〜400m 加速　　12.6 秒		0〜400m 加速　　12.0 秒
燃費	12.7 ℓ /100km	10.9 ℓ /100km	9.8 ℓ /100km	9.8 ℓ /100km
全長	4,545 mm	4,404 mm	4,440 mm	4,500 mm
全幅	1,870 mm	1,801 mm	1,825 mm	1,810 mm
ドアミラー付き全幅	1,978 mm	1,978mm	1,978 mm	1,978 mm
全高	1,270 mm	1,284 mm	1,265 mm	1,295 mm
ホイールベース	2,457 mm	2,475 mm	2,485 mm	2,450 mm
Track widths	front 1,551mm			
	Rear 1,555 mm			
ラゲージ容量	前 125 ℓ			前 145 ℓ
	後 260 ℓ			後 260 ℓ
燃料タンク容量	64 ℓ　(オプション：90 ℓ)	64 ℓ	54 ℓ	64 ℓ

	Panamera S E-Hybrid	New Cayenne	Macan S	Macan Turbo
空気抵抗係数	0.29	0.35	0.36	0.37
エンジン型式：排気量：	V型6気筒4バルブスーパーチャージャー 2,994 cc	V型6気筒4バルブ 3,598cc	水平対向6気筒4バルブ（ツインターボ）2,996cc	水平対向6気筒4バルブ（ツインターボ）3,604cc
最高出力	333 ps (254 kW) / 6,500 rpm	300ps (220 kW) / 6,300 rpm	340 ps (250 kW) at 5,500 to 6,500 rpm	400 ps (294 kW) at 6,000 rpm
最大トルク	440Nm / 5,2560 rpm	400Nm /3,000 rpm	460 Nm at 1450 to 5,000 rpm	550 Nm at 1,350 to 4,500 rpm
圧縮比	10.5:1	11.65:1	9.8:1	10.5:1
マックスエンジンスピード	6,700rpm	6,700rpm	6,700 rpm	6,700 rpm
ホイール&タイヤ：	前 8.0 J x 18 245/50 ZR 18	前 8.0 J x 18 255/55 ZR 18	前 8.0 J x 18 235/60 R 18	前 8.0 J x 19 235/55 R 19
	後 9.0 J x 18 275/40 ZR 18	前 8.0 J x 18 255/55 ZR 18	後 9.0 J x 18 255/55 R 19	後 9.0 J x 19 255/50 R 19
車両重量：	2,130 kg	2,110 kg	1,920 kg	1,925 kg
トランスミッション	8速ティプトロニックS	8速ティプトロニックS	7速PDK	7速PDK
走行性能	最高速度 270 km/h Electric top speed 135 km/h	最高速度 230 km/h	254 km/h	266 km/h
	0～100km/h 加速 5.5 秒	0～100km/h 加速 7.6 秒	0 - 100 km/h:5.4 secs (5.2 secs*)	0 - 100 km/h:4.8 secs (4.6 secs*)
	0～160km/h 加速 12.2 秒	0～160km/h 加速 19.5 秒	0 - 160 km/h:13.2 secs (13.0 secs*)	0 - 160 km/h:11.1 secs (10.9 secs*)
	0～200km/h 加速 19.0 秒		0 - 1000 m:25.7 secs (25.4 secs*)	0 - 1000 m:24.2 secs (23.9 secs*)
		0～400m 加速 15.6 秒		
燃費		11.0 ℓ /100km	11.6 - 11.3 l/100 km*	10.3km/ℓ
全長	5,015 mm	4,855 mm	4,680 mm	4,699 mm
全幅	1,930 mm	1,940mm	1,925 mm	1,925 mm
ドアミラー付き全幅	2,114 mm	2,165 mm	2,098 mm	2,098 mm
全高	1,420mm	1,710 mm	1,625 mm	1,625 mm
ホイールベース	2,920 mm	2,895 mm	2,805 mm	2,805 mm
Track widths				
ラゲージ容量				
	335 ℓ			
燃料タンク容量	無鉛プレミアムガソリン 80 ℓ	無鉛プレミアムガソリン 85 ℓ	無鉛プレミアムガソリン 65 ℓ	無鉛プレミアムガソリン 75 ℓ

PORSCHE
PRIDE & PROGRESS
偏愛グラフィティ

2016年2月29日　第1刷発行

黒澤元治・中谷明彦 監修
ベストモータリング同窓会 編

デザイン	勅使川原克典
発行人	田中　潤
発行所	有限会社 有峰書店新社
	〒176-0005　東京都練馬区旭丘1-1-1
	電話　03-5996-0444
	http://www.arimine.com/

印刷・製本所　シナノ書籍印刷株式会社

定価はカバーに表示してあります。乱丁本、落丁本はお取替えいたします。
無断での転載・複製等は固くお断りいたします。

©2016 ARIMINE, Printed in Japan
ISBN978-4-87045-286-2

【監修者プロフィール】

●黒澤元治（くろさわもとはる）
1940年神戸生まれ。父親の仕事の関係で茨城・日立で少年時代を送る。二輪レースを経て1965年に日産のワークスドライバーとして四輪に転向。
1969年と1973年、日本グランプリ優勝。レース実戦から退いた後はモータージャーナリストに専念する。とくに映像マガジン「ベストモータリング」を舞台に、その天下一品のドライビングと絶妙の語りで一時代を築く。その傍らブリヂストンとテクニカル・アドバイザー契約を結び、ポルシェ専用タイヤとしてのポテンザRE71開発にも携わる。また、HONDAのNSX開発テストの功労者としても知られる。「日本カー・オブ・ザ・イヤー」評議員。愛称「ガンさん」。

●中谷明彦（なかやあきひこ）
1957年東京生まれ。武蔵工業大学(現・東京都市大学)工学部機械工学科卒。在学中にFJ1600に参戦し、デビュー戦でポールポジションを獲得。卒業後は自動車専門誌の編集者を経て、1985年にプロのレーシングドライバーに転向。1988年全日本F3チャンピオン獲得。全日本F3000優勝（91年第2戦）、海外でも1989年ル・マン初参戦を皮切りに3回出場するなど幅広く活動。ポルシェをはじめとするあらゆる高性能4輪自動車の限界性能の解析、追求を得意分野とし、とくに自動車の挙動特性の理論的分析には定評がある。ドライビング理論研究会「中谷塾」を主宰。日本カー・オブ・ザ・イヤー選考委員。

撮影	下邑真樹
	正岡貞雄
写真提供	ベストカー編集部